不管是久窩抽屜內的一團布，

或是已經不穿的罩衫一小角都ＯＫ！

試著將這些碎布找出來縫縫補補一番吧！

正因為是利用零碼布拼縫的小物，

即使是新手也可以輕鬆完成。

若是遇上過小的布片，再補接一片就行了！

本書所收錄的正是這類作法簡單、

造型超級卡哇伊的小小布雜貨，

挑選喜歡的款式來試試身手吧！

初學者也能輕鬆縫

COTTON TIME 特別編集

COTTON TIME 特別編集

初學者也能輕鬆縫

10cm零碼布就能作的1小時布雜貨

CONTENTS

服貼肌膚，越用越有味道
砂色亞麻小物 *16*

講求簡約設計的隨身日用品 *16*
手帕
面紙包

花的‧素的‧厚的‧薄的……多樣表情的駝色亞麻 *18*
咖啡濾網
蝴蝶隔熱墊
雅緻隔熱墊

沉浸在亞麻的柔軟氛圍中 *20*
兩用餐墊
收納包＆點心墊

亞麻‧刺繡‧鉤織的完美組合 *22*
手感菜單套
零食袋
屋型置物盒

以純粹感受亞麻溫柔觸感 *24*
褶飾款萬用包
購物袋&收納袋

三款耐用的扁平布袋 *26*
隨性筆袋
日式紅包袋
扁平錢包

結合亞麻與棉襯，塑造立體感。 *28*
裁縫盒
繡花箱

如此舒適的觸感，令人不禁戀上亞麻！ *30*
室內鞋
侍者圍裙

只要10cm就可以輕鬆搞定！
巴掌大的可愛雜貨 *6*

收納小雜物或單純當裝飾，都OK！ *6*
四角小布盒
襪型花瓶套

高點綴性的零碼布小物 *8*
馬芬蛋糕裝飾插旗
烤餅乾標籤
吊掛式隔熱墊
吊飾

迎風搖曳的雅緻碎布垂飾 *10*
自然風垂飾
雨滴垂飾

叩嘍叩嘍！轉來轉去的圓形雜貨 *12*
色彩繽紛的包鈕
可愛木夾
小花手環
蛋形香包

貼上去就能營造華麗感的俏皮YO-YO *14*
YO-YO聖誕樹
YO-YO掛飾
瓶罐蓋

本書的製作方法插圖部分數字單位為cm

可以給我家的可愛寶貝，也可以當禮物送給朋友。

承載著滿滿愛心的
孩童用品 *56*

帶來輕柔觸感的絨毛布和棉紗 *56*
洋溢春天色彩的圍兜兜
睡得香甜熊熊枕頭

逗弄小寶貝的小手手、小腳丫…… *58*
嬰兒鞋
讓人好想咬一口的冰淇淋

以手掌般大小的碎布，縫製出一件件小巧的娃娃裝 *60*
微笑迷你人偶
時尚黑兔兔

超夯的絨毛布，軟綿綿的質感，令人溫暖又安心！*62*
渾圓小胖肚藍企鵝
淘氣小猴

讓趣味小道具，增添更多生活情趣 *64*
我的第一本學習繪本
美味便當

沒有巧手，也作得出的可愛午餐袋！*66*
小兔便當袋

練好這些基本功，一切就沒問題！

手縫基本功 *72*

Mini World of Handmade

01 一針一線重現童話故事，鑽入夢幻世界內。*32*
三隻小豬的甜點大對決！

02 布花人氣當紅！可愛度不亞於自然花。*34*
亞麻胸花　玫瑰掛鉤

03 不管有幾個都不嫌多的寶貝小物 *67*
數字提籃

04 透過花紋與布料體驗季節感 *68*
春天到夏天。飛翔於藍天的小鳥布書衣

秋天到冬天。胖嘟嘟羊毛布的雪人布書衣

05 裁縫從工具入手……手作人應該都有這樣的想法吧！*70*
剪刀套　附提把的針插
圓滾滾的編籃針插

✛ 特別收錄 原寸紙型

拼縫布作就從這裡學起

給新手的拼布課 *36*

四角拼布圖案 *36*
附步驟說明圖！四角拼布的接縫Lesson

以四角拼布裝點一下，就變可愛了！*38*
衛浴萬用收納袋＆披肩
塑膠袋收納包

大大小小的碎布，任你隨意拼縫。*40*
隔熱手套
正方形小靠枕
長方形小靠枕

再作一個——四角拼布包。*42*
花鈕釦縮口袋
玫瑰花小肩包

不拘長形、方形的四角布片拼縫 *44*
布書衣
杯墊

六角形拼布 *46*
附步驟說明圖！六角拼布的接縫Lesson

盛開一朵大花在布片上吧！*48*
布書衣
馬克杯墊

就愛拼布，千變萬化的巧妙組合！*50*
六角拼布萬用包
大人味的外出包

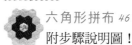

為拼布注入新元素，來個小變化！*52*
泡芙隔熱墊
瘋狂拼布餐墊
碎花口袋圍裙

同色系不同花紋的漂亮拼縫 *54*
圓餅菜單袋
三角拼布提籃

只要10cm就可以
輕鬆搞定！

巴掌大的可愛雜貨

這個作品獻給不善裁縫，對手作裹足不前的人。

快找出家中閒置已久的零碼布，動手縫縫看吧！

不要總認為裁縫很難，只要跨出第一步，一定能從中找到樂趣。

收納小雜物或單純當裝飾，都ＯＫ！

四角小布盒

兵庫縣／吉田香織

完成尺寸約為5.5cm的正方形，恰巧可用來收納鈕釦、鑰匙、迴紋針及耳環等；拿來當小玻璃杯的杯墊也很適合喔！變換正反面的布色、花紋，想縫幾個就縫幾個。

在盒底縫上標籤、姓名縮寫貼布，或在邊角裝飾幾顆串珠都能增添趣味。

米材料　<1個>棉布7cm的正方形2片，布紋、花色依個人喜好

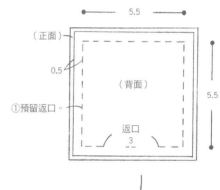

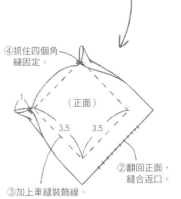

※單位cm

襪型花瓶套

千葉縣／辻弘子

玻璃工藝家辻弘子縫製的是與單支玻璃花瓶十分對味的簡約裝飾。只要把布裁成襪子和手套的形狀，直接以粗針縫合就大功告成，又是一件容易上手的作品！加上紅色的繡線，就能製造出令人驚艷的效果。

米材料　<1個>駝色碎布約10×20cm、紅色繡線、繩帶及緞帶等

高 點 綴 性 的 零 碼 布 小 物

烤餅乾標籤

福岡縣／細川美紀

在零碼布上加個雞眼釦，穿入繩子，僅使用布邊，再縫上蕾絲、鈕釦，增加趣味性。以Z字型車縫縫上蕾絲，若選用色彩鮮艷的黑色或紅色縫線，會更加可愛喔！

米材料　任何形狀的碎布（可多準備一種棉布、蕾絲或鈕釦等）、繩子約20cm、雞眼釦

馬芬蛋糕裝飾插旗

福岡縣／細川美紀

將裁成左右對稱的小碎布，以雙面膠黏貼在牙籤頭上，作法超簡單。如果點心時間時，也能裝扮得像午餐般繽紛趣味，孩子們一定會開心的跳起來。也可以再加一些巧思尋求變化，如將旗子作成三角形等。

米材料　<1枝竹籤旗>一根竹籤需綿布約3×6cm、牙籤、雙面膠

吊飾

福岡縣／本田由香

把不同花色的多塊碎布拼縫在一起，竟不可思議地變成原創性十足的吊飾。可以就手邊現有的碎布，或利用有著漂亮顏色的餐巾布一角，只要率性地粗縫，就別有一番味道喔！

※材料　碎布數種各約5×10cm、衣服的標籤等、紅線、繩子
※如下圖，若能事先將各種碎布拼縫起來會變得很方便；右圖掛在牆上的隔熱手套掛鉤也是。

吊掛式隔熱墊

福岡縣／本田由香

隔熱墊造型簡單，材質為散發自然之美的淺駝色亞麻布，相形之下，隨性加上粗縫的寬版吊環顯得童趣盎然，就成為了重點裝飾。

※材料　駝色亞麻布約30×20cm、灰色棉布約5cm的正方形、棉襯15×20cm、吊環用駝色亞麻布及格紋碎布數種、白線

自然風垂飾

兵庫縣／平田亞貴子

也許是因為花店老板平田小姐經常接觸花草的關
係，就連手作雜貨也充滿自然素材。此款作品是將
軟木塞、棉花、植物葉子及摺疊起的碎布加以組
合，再以線串接而成的裝飾品。

米材料　四方形紅色格紋布約20cm、樹木果實、軟木塞、棉
花、乾燥的拉菲亞草緞帶、植物葉子

迎 風 搖 曳 的 雅 緻 碎 布 垂 飾

雨滴垂飾

東京都／小倉實子

作品創作靈感來自垂掛於傘邊的雨滴及窗戶流下的雨
珠。兩片不織布重疊後，隨興粗裁、縫合，散發著質樸
拙趣。裡面塞入乾燥的薰衣草，可當作香包使用；再加
上繩子垂掛起來，就成了別具一格的室內裝飾品。

米材料　（大水滴1個）藍色或白色不織布10cm的正方形2片、
　　　　（小水滴1個）藍色或白色不織布3×5cm2片、白色繡
　　　　線、乾燥薰衣草

塞入棉花。若再
加上乾燥薰衣草
就更棒了。

good! ←

3. 夾入繩子，
就大功告成啦！

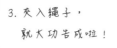

1. 裁剪兩片不織布，
在單片上進行刺繡。

2. 兩片疊放後
縫合四周。

＊繡線＝25號繡線

法國結粒繡
（2股）

★2片

★2片
法國結粒繡
（2股）

※原寸紙型

11

色彩繽紛的包釦

愛知縣／橋野友子

挑選喜歡的花色，僅需2cm的正方形就能包好一顆釦子，還可在手工藝店找到好用的輔助工具。作好的包釦可拿來縫衣服，或是如右圖將其點綴於雜貨上，用途很廣泛喔！

米材料　喜歡的碎布、線軸及木珠、圓形鬆緊帶、木頭夾、包釦縫製工具

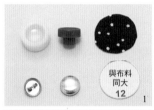

1

2

3

4

1. 備妥縫製包釦的工具（專用器具）和布料。2. 將布片與上釦塞入白色圈環的洞孔內，接著以藍色器具壓緊。3. 將下釦疊在步驟②上，再以藍色器具按壓。4. 從洞孔內倒出鈕釦，一下子就完成了。

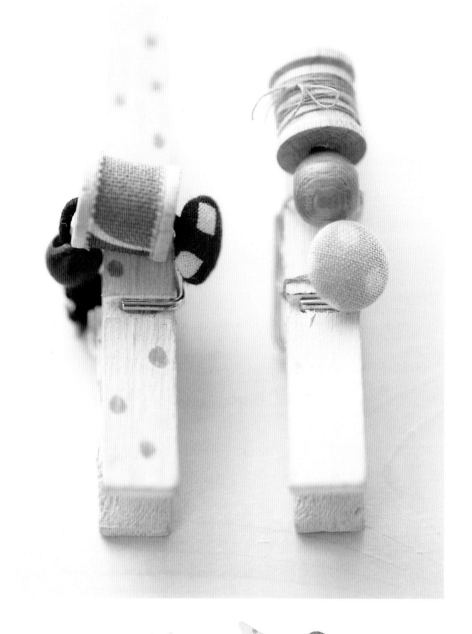

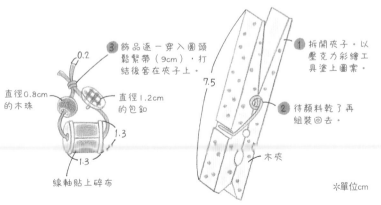

③ 飾品逐一穿入圓頭鬆緊帶（9cm），打結後套在夾子上。

0.2

直徑0.8cm的木珠

直徑1.2cm的包釦

1.3

1.3

線軸貼上碎布

7.5

① 拆開夾子，以壓克力彩繪工具塗上圖案。

② 待顏料乾了再組裝回去。

木夾

※單位cm

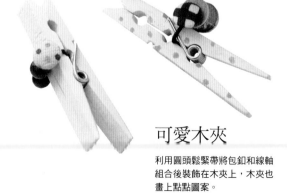

可愛木夾

利用圓頭鬆緊帶將包釦和線軸組合後裝飾在木夾上，木夾也畫上點點圖案。

小花手環

東京都／宮壽惠

挑一些色彩鮮明的零碼布，先作成花形圖案，再以漂亮的串珠，串成一條手環。若在縫份上剪牙口，小花的形狀會顯得更洗鍊有型。

✳材料 喜歡的碎布（一朵花約5cm的正方形2片）、
各種串珠（0.3cm、0.6cm）、手縫線、棉花、彈簧釦頭、釦片

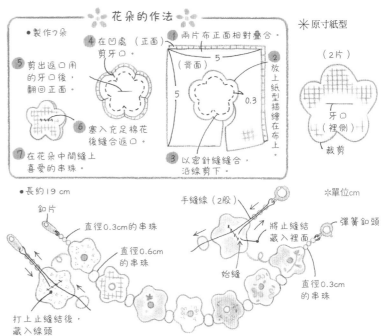

✽ 花朵的作法 ✽

✳原寸紙型

●製作7朵

④ 在凹處（正面）剪牙口

⑤ 剪出返口用的牙口後，翻回正面。

① 兩片布正面相對疊合

（背面）　5

（背面）

5　　0.3

② 放上紙型描繪在布上

⑥ 塞入充足棉花後縫合返口。

⑦ 在花朵中間縫上喜愛的串珠

③ 以密針縫縫合，沿線剪下。

（2片）

牙口（裡側）

裁剪

●長約19cm

※單位cm

釦片

直徑0.3cm的串珠

直徑0.6cm的串珠

手縫線（2股）

將止縫結藏入裡面

彈簧釦頭

始縫

直徑0.3cm的串珠

打上止縫結後，藏入線頭

蛋形香包

福島縣／勝田京子

敲擊蛋的側邊後暫置一旁，接著以錐子在蛋殼上開一個直徑約2cm的洞，讓蛋內的液體全部流乾淨，再塞入乾燥的花草，外殼貼上碎布作裝飾，至於散發香氣的洞孔則以網紗遮住。

✳材料 各種棉質碎布、網紗蕾絲、蛋、木工用接著劑

為避免蛋殼破裂，在黏貼碎布時請小心，不要太用力。

④ 蛋殼貼上以鋸齒狀剪刀剪好的布塊。

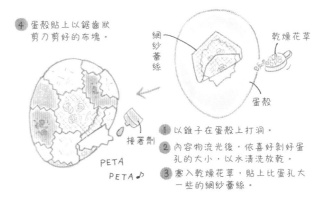

網紗蕾絲

乾燥花草

蛋殼

接著劑

PETA
PETA♪

① 以錐子在蛋殼上打洞。

② 內容物流光後，依喜好剝好蛋孔的大小，以水清洗放乾。

③ 塞入乾燥花草，貼上比蛋孔大一些的網紗蕾絲。

貼上去就能營造華麗感的俏皮 YO-YO

YO-YO 聖誕樹

北海道／南幸子

在圓形布片的周圍進行平針縫，用力拉線縮縫就完成一枚YO-YO了喔！建議利用閒暇時間陸陸續續拼縫，日後隨時都能派上用場。例如將YO-YO黏貼在圓錐狀的厚紙板上，即變成一棵開滿花朵的聖誕樹。

米材料　喜愛的各種碎布、厚紙板、紙杯、裝飾繩帶、木工用接著劑

樹高約25cm。將扇形厚紙板捲成圓錐狀，樹根以紙杯代替，兼具收納功能。YO-YO拼布每接近樹頂一層就縮小1cm，藉以保持整體的平衡感。

✿ YO-YO拼布的作法 ✿

0.5～0.7cm

裁剪　（背面）　0.5

① 準備比成品直徑兩倍大的布片。

② 一邊摺疊布邊，一邊以大針趾進行平針縫。

③ 拉線。

（正面）

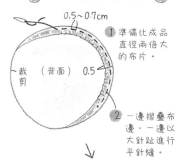

外框的作法是在兩片厚紙上（其中一片作成挖空的四角形框），包上布料，再夾入蕾絲帶和鏡子，以接著劑黏貼固定。

YO-YO 掛飾

埼玉縣／渡部友子

先以鏡子與厚紙板作成底座，如同拼拼圖般，以Yo-Yo拼布拼貼出各式圖案。為襯托簡約的包身，特意挑選繽紛的布色。若改用雅緻色調，會展現完全不同風格。請依包款調配組合，享受變換的樂趣。

米材料　縫製YO-YO拼布的各種碎布、鏡子、厚紙板、紅白相間格紋布、蕾絲帶（配合鏡子的尺寸）、木工用接著劑

瓶罐蓋

靜岡縣／ナヤー郁子

家裡堆放許多裝食物的空瓶罐，索性幫它們製作個蓋子方便再次利用。作法很簡單，在厚紙板中間挖洞以碎布包起來就OK了。這瓶罐蓋簡直就是手掌版的YO-YO拼布！再點綴上八角，立刻活躍於廚房中。

米材料　方形碎布1片（約需罐子直徑兩倍人，花色不拘）、緞帶、香料、厚紙板

砂色亞麻小物

具吸濕性、帶光澤感，
不論是熨燙或保持原本綯綯的模樣
都相當迷人的亞麻，
是現在超夯的人氣商品。
由天然素材交織而成，
未染色前那曖昧的小麥色或象牙色，
有著無可言喻的魅力，
是不是很想將它運用在你的手作品中呢？

手帕

神奈川縣／山之內薰

只在白色的厚亞麻布的四周綴上蕾絲，就如此優雅。不論是汗水、濺出的茶水，甚至是淚水，都能被完全吸收與包容。充滿清潔感，且耐洗不鬆垮。25cm的正方形，精巧迷人！

※材料　＜右＞亞麻布30cm的正方形、寬1cm蕾絲・寬1cm棉布帶各110cm、寬1.2cm的布條5cm
※左側的手帕作法相同。

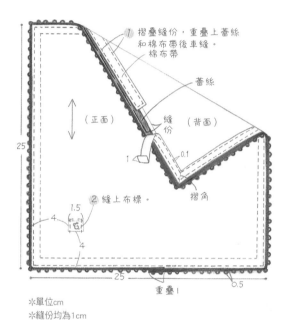

⑦ 摺疊縫份，重疊上蕾絲和棉布帶後車縫。
棉布帶
蕾絲
（正面）
縫份
（背面）
0.1
1
摺角
25
② 縫上布標。
1.5
4
4
25
重疊1
0.5

※單位cm
※縫份均為1cm

講求簡約設計的
隨身日用品

面紙包

埼玉縣／鈴木朱美

可以把它想成一個小布袋。亞麻搭配紅色繡縫，真是美麗滿點！鈴木小姐表示「棉線沒有光澤，比繡線更適合亞麻材質」。你瞧，布與線幾乎要融為一體！

※材料　＜右上＞淺駝色亞麻布15×25cm、寬1cm的織帶15cm、棉線
※右上面紙包的後側與左上的圖案相同。

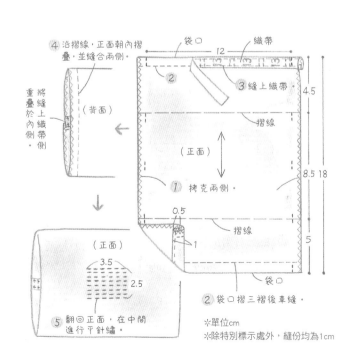

④ 沿摺線，正面朝內摺疊，並縫合兩側。
將縫重疊於內側。
重疊於上織帶側
（背面）
袋口
12
織帶
②
③ 縫上織帶
4.5
摺線
（正面）
8.5 18
① 拷克兩側。
0.5
1
摺線
5
袋口
（正面）
3.5
2.5
② 袋口摺三褶後車縫。
⑤ 翻回正面，在中間進行平針縫。

※單位cm
※除特別標示處外，縫份均為1cm

咖啡濾網

奈良縣／中野奈緒

在反覆的使用中被浸染成咖啡色的亞麻，反倒耐人品味再三。而為了不損及咖啡的風味，新作好的濾網先用熱水燙過，除掉漿及布的味道。

米材料　駝色亞麻布（含滾邊部分）35×50cm、
　　　　寬1cm蕾絲40cm、寬1.6cm麻布條10cm

※作法說明的是右邊濾網的作法。更換滾邊布及吊環的位置，即可呈現如左邊濾網般的另一種氛圍。

滾邊作法

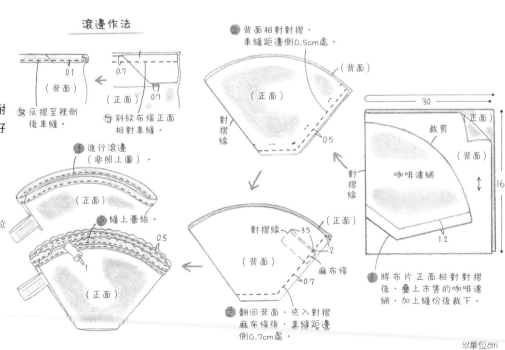

女反摺至裡側後車縫。

0.1
（背面）

0.7

0.7
（正面）

5 斜紋布條正面相對車縫。

4 進行滾邊（參照上圖）

（正面）

5 縫上蕾絲。

0.5

1

（正面）

3 翻回背面，夾入對摺麻布條後，車縫距邊側0.7cm處。

2 背面相對對摺，車縫距邊側0.5cm處。

（背面）

（正面）

對摺線

0.5

對摺線

3.5

（背面）

2

麻布條

0.7

30

（正面）

裁剪

（背面）

對摺線

咖啡濾網

16

1.2

1 將布片正面相對對摺後，疊上市售的咖啡濾網，加上縫份後裁下。

※單位cm

雅緻隔熱墊

神奈川縣／川島千登勢

將數塊長條狀亞麻接縫在一起，雖然底色都是砂色，但有的是格紋摻雜少量的藍，有的是花朵圖案……利用碎布的變換組合，就可以體驗到手作的深層樂趣。

米材料　四款亞麻布・印花布・淺藍格紋布各20×10cm、藍格紋20cm的正方形、棉襯（貼紙狀化纖棉）20×25cm、寬0.7cm皮繩10cm、直徑2.1cm的鈕釦1顆、25號繡線

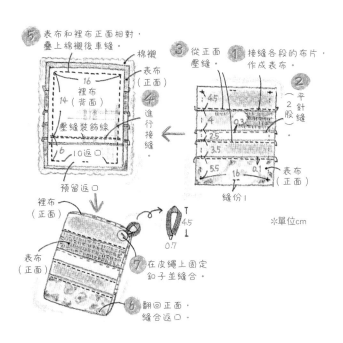

⑤ 表布和裡布正面相對，疊上棉襯後車縫。

棉襯
表布（正面）
16
裡布14（背面）
壓縫裝飾線
b 10返口
預留返口

③ 從正面壓縫。

④ 進行接縫。

① 接縫各段的布片，作成表布。

② 平針縫（2股）。

4.5
4　0.3
2.5
3.5
5.5　16　0.1
表布（正面）
縫份1

※單位cm

裡布（正面）
表布（正面）

T 4.5
0.7

⑦ 在皮繩上固定釦子並縫合。

⑥ 翻回正面，縫合返口。

蝴蝶隔熱墊

大阪府／西山真砂子

看似展翅蝴蝶的隔熱墊，造型美得沒話說，最大創意則在正反兩面的口袋。手指穿入口袋，可以將鍋子握得更穩。亞麻的獨特貼合感則讓手倍感舒適。

米材料　駝色亞麻布（口袋）40×20cm、駝色粗織亞麻布（基底表布）・原色粗織亞麻布（基底裡布）・棉襯各25×20cm、灰色碎花布（滾邊）30cm的正方形、貼布繡用布、寬1cm蕾絲10cm、直徑0.7cm的鈕釦2顆

米原寸紙型 B面

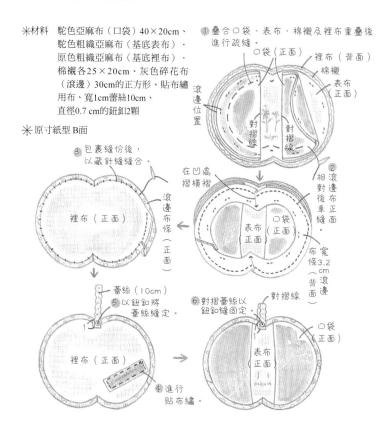

① 疊合口袋、表布、棉襯及裡布重疊後進行疏縫。

口袋（正面）
裡布（背面）
棉襯
表布（正面）
滾邊位置
對摺線
對摺線

③ 包裹縫份後，以藏針縫縫合。

② 滾邊對齊後車縫。

裡布（正面）
滾邊布條（正面）

在凹處摺橫褶
滾邊對齊後車縫。
表布正面
口袋（正面）
布寬3.2cm（背面）滾邊

⑤ 以鈕釦將蕾絲縫定。
蕾絲（10cm）
1
裡布（正面）

④ 進行貼布繡。

⑥ 對摺蕾絲以鈕釦縫固定。
對摺線
口袋（正面）
1
表布正面

米材料　亞麻布（裡布・拼布）40×30cm、各種拼布用布、市售毛巾55×30cm、寬0.6cm蕾絲55cm、直徑1.5cm的鈕釦4顆

返口8

毛巾

裡布（正面）

②以疏縫固定蕾絲（13cm）。

①拼縫布塊。

表布（正面）

④翻回正面，縫合返口。

③疊合裡布和毛巾，留下返口縫合。

10

14

21

4

⑤縫上釦子。

7

7

9

4

5

※單位cm
※縫份均為1cm

兩用餐墊

東京都／菊池志保

剛烤好的麵包、香噴噴的咖啡歐蕾，再搭配上美麗的手作餐墊，就是一百分的早午餐！在不同花色組合的拼布中，加入一片深色的布塊，使得整體印象更為內斂。以毛巾代替棉襯夾在中間，清洗上也輕鬆許多。

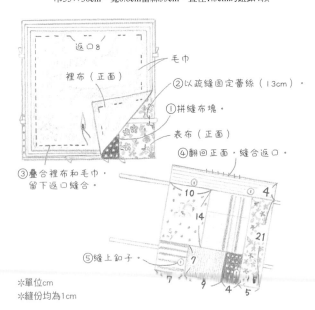

四個角處以蕾絲帶扣在釦子上，立刻化身為小巧托盤。

改變一下布塊的拼縫位置就有不同表情，幫家人各縫製一片吧！

收納包 & 點心墊

福岡縣／田島真由美

這款作品的設計靈感來自媽媽的白色圍裙。口袋的蕾絲是日產的舊物，連縫在左上角的姓名布標也散發古樸的氣息，簡約中透露出高雅氣質。

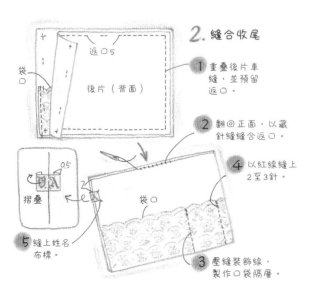

2. 縫合收尾

1 重疊後片車縫，並預留返口。

2 翻回正面，以藏針縫縫合返口。

4 以紅線縫上2至3針。

3 壓縫裝飾線，製作口袋隔層。

5 縫上姓名布標。

返口5

後片（背面）

袋口

0.5

摺疊

袋口

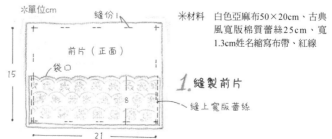

※單位cm

縫份1

前片（正面）

袋口

縫上寬版蕾絲

15

8

21

米材料　白色亞麻布50×20cm、古典風寬版棉質蕾絲25cm、寬1.3cm姓名縮寫布帶、紅線

1. 縫製前片

縫上寬版蕾絲

手感菜單套

神奈川縣／真崎亞由美

右側的大口袋可擺入餐巾紙，左側以木夾夾上今日菜色。原本平淡無奇的用餐及點心時間，也變得特別了。在生日及家庭紀念日時，拿出來用也很棒哦！

※材料　<左>粗織亞麻布25×20cm（內層用）、原色棉紗（外層用）、麻線30cm2條、25號繡線、寬1cm布標、木夾2個、5/0號鉤針
※也可以布或蕾絲帶縫製口袋。

闔上的菜單套貌。若覺得外層的編織太難，可改以厚布取代，作法相同。

4. 整理

裝飾帶（正面）
③ 縫上裝飾帶
打結
木夾
④ 縫上木夾
⑤ 摺疊內層的縫份，以藏針縫縫合於外層。
外層（背面）
① 縫上布標。
內層（正面）
袋口 0.8
外層（背面）
平針繡（2段）
0.3 口袋（正面）
⑥ 綑綁兩條麻線（各約30cm）
② 縫上口袋。
0.5

編織圖記號
鎖針3目的短針□編（picot）
短針　×
鎖針　○

2. 縫製內層

1.3
7
外線繡上喜歡的花樣
0.3
10
十字繡（2段）
1.7
13
19

※單位cm

3. 縫製口袋．裝飾

裝飾
口袋
鎖針12針（約6）
鎖針14針（約7）
約14 5.6段
2段（約0.8）
短針

1. 縫製外層

鎖針28針（約14）
短針
50段（約20）

② 摺疊四邊的縫份，以藏針縫縫上布標。
外層（正面）
① 十字繡（2段）（正面）
1.5
2
0.5
4

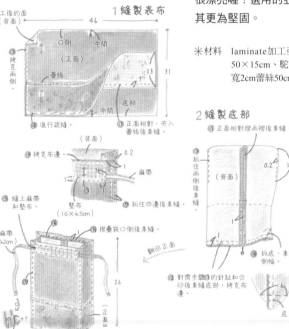

零食袋

神奈川縣／山之內薫

圖片中展示的可不是雜貨店的一角，而是家中架上剛包裝好的手作零食袋。當成禮物送人也很漂亮喔！選用的亞麻經過特殊加工補強，使其更為堅固。

※材料　laminate加工亞麻布50×35cm、印花亞麻布50×15cm、駝色格紋布（墊布用）20×5cm、寬2cm蕾絲50cm、寬1cm的麻帶85cm

1 縫製表布

加工後的面（背面）
46
③ 口側　中間
（正面）
拷克兩側。
蕾絲
13
31
② 進行疏縫。
① 正面相對，夾入蕾絲後車縫。
中間　底部
中間

2 縫製底部

① 正面相對摺兩後車縫。
③ 抓住兩側後車縫。
（背面）
0.2 10
1

④ 拷克布邊
0.2
1
麻帶
1
⑥ 縫上麻帶和墊布。
墊布（16×4.5cm）
⑤ 抓住四邊後車縫。
翻回正面
④ 抓底，車縫側幅。
⑦ 對齊步驟①的針趾和合印後車縫底部。拷克布邊

麻帶（42cm）
⑧ 摺疊袋口側後車縫
26
（正面）
16　6　底
摺疊車縫

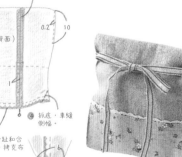

繫上麻繩，就裝扮完畢啦！

※單位cm

22

屋型置物盒

大阪府／淺田惠津子

除了鑰匙、小飾品，還可用來盛裝下午茶時間的巧克力及小糖果。亞麻材質的屋頂加入刺繡帶出可愛風；蕾絲作成的窗戶也值得好好欣賞一番喔！

使用麻繩，以短針鉤織的房子底座，十分堅固。邊緣以逆短針綴入碎布。

⁂ 本體編織圖　　在第10段鉤入碎布

⁂ 十字繡的原寸圖案

十字繡
（2股）

⁂材料　駝色亞麻布（表布用）．花形印花布（裡布用）各20×15cm、茶色圓點印花布（碎布條用）、寬1cm麻布帶4cm、寬1cm的麻蕾絲30cm、寬2cm蕾絲3cm、25號繡線、麻繩、8/0號鉤針

⁂ 原寸紙型A面

○鎖針　●引拔針　╳短針

╳逆短針　Ｖ短針2針一起

2 縫製本體

①參照左方的編織圖編織本體。

約7

約5

鉤入碎布條

②縫上蕾絲。

寬2cm蕾絲

碎布條的作法

留1

一開始先以剪刀剪牙口，再以手撕開。

約11

1 縫製屋頂

表布

裡布

①刺繡

麻帶

②

對摺線

正面相對摺疊車縫，預留返口。

返口

（背面）

（正面）

（背面）

寬1cm麻質蕾絲

②以假縫固定蕾絲和布樣。

正面朝內對摺後車縫。

表布（正面）

裡布（背面）

①表布和裡布正面相對車縫。

（背面）

（正面）

②朝回正面返口以口字型縫合。

裡布（正面）

※單位cm　※縫份均為1cm

褶飾款萬用包

兵庫縣／岡林琉璃

這款作品是亞麻與白色鬆餅布的組合。因包款無多餘的設計，所以費點功夫縫出的褶飾，立即成了目光的焦點。記下此技法，可應用到其他的手作品上。這充滿潔淨感的包包，收納什麼好呢？化妝品及衛生用品，如何？

※材料　淺駝色亞麻布50×20cm（含抽繩末端的用布）原色鬆餅布25×20cm、蕾絲布（袋口布用）25×20cm、直徑0.2cm的圓頭穿繩110cm、小圓串珠22粒

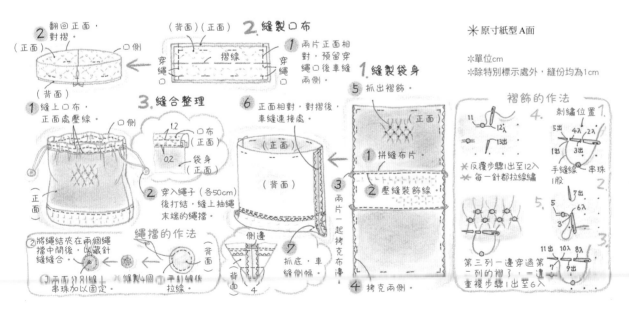

※原寸紙型A面

※單位cm
※除特別標示處外，縫份均為1cm

褶飾的作法

串珠穿入線中。一照射到陽光就會閃閃發亮。

以
純
粹
亞
麻
溫
柔
觸
感

感
受
亞
麻
溫
柔
觸
感

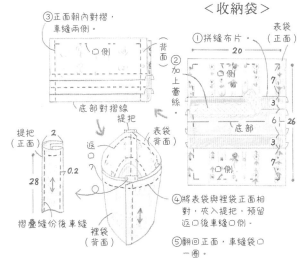

收納袋

將小收納袋掛在購物袋的提把上一起使用。

購物袋

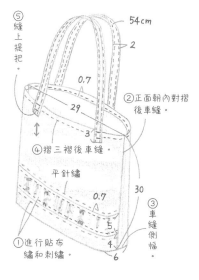

購物袋&收納袋

東京都／菊池志保

不做作的造型，低調的花色這款亞麻包，能讓肌膚與眼睛同享溫柔。十分適合購物、散步等近處活動時使用。就算每天提也不會膩！而且耐用又耐洗！

米材料　<購物袋>亞麻布（本體及提把內面）40×75cm、提把用布、貼布繡用布、25號繡線
<收納袋>亞麻布（裡布・提把用）30cm的正方形、拼布用布、寬2cm蕾絲25cm

* 裡袋是以一片布裁剪，正面相對對摺後車縫連接兩側。

※單位cm
※除特別標示處外，縫份均為1cm

<購物袋>

⑤縫上提把
54cm
2
0.7
29
3
④摺三褶後車縫。
平針繡
0.7
30
③車縫側幅
5
4
6
①進行貼布繡和刺繡

③正面朝內對摺，車縫兩側。
口側
底部對摺線
提把
②正面朝內對摺後車縫。

提把（正面）
2
28
0.2
摺疊縫份後車縫。
裡袋（背面）

<收納袋>

①拼縫布片
表袋（正面）
20
②加上蕾絲。
口側
背面
7
口側
底部
3
6
26
3
口側
7

④將表袋與裡袋正面相對，夾入提把，預留返口後車縫口側。

⑤翻回正面，車縫袋口一圈。

表袋（背面）

25

1 縫製表布

1 拼縫印花布布片

2 縫接亞麻布與印花布。

2 縫合整理

1 分別縫合表布和裡布側邊。

裡布（背面）★除口側的縫份，裁成同表布的尺寸。

口側

2 表布和裡布當面相對疊放後，摺疊裡布的口側以藏針縫縫合。

底部

3 進行落針壓縫。

摺線

落針壓縫

2

表布（正面）

5 縫上包釦

2 表布和裡布當面相對疊放後，摺疊裡布的口側以藏針縫縫合。

★本單位cm
※除特別標示處外，縫份均為0.8cm

打結 3.5

繩子

墊布 0.5

4 縫上繩環，疊上墊布後以藏針縫縫合。

裡布（正面）

0.8

隨性筆袋

千葉縣／西澤裕子

乍看普普通通的亞麻袋子，卻因袋口的方型印花布打破平凡，變得帥氣有型。直線排列的方布塊（四角拼布請參閱P.36），塑造百分百的清爽怡人氛圍。

米材料　駝色亞麻布（表布用）25×30cm、黃綠色格紋布（裡布用）40cm的正方形、各種拼布布片及包釦用布、直徑0.2cm的蠟繩、直徑1.9cm的包釦1顆

以繩子捲起後即收覆包口，可省下縫製拉鍊的麻煩程序。除筆外，也可用來收納其他物品，方便又好用。

日式紅包袋

埼玉縣／鈴木朱美

袋內裝滿了對孩子的愛！雖然新年已經過去，拿來收放一些抽屜中的小東西也很實用。當然，當作零錢袋也很棒喔！

※材料　＜1個＞駝色亞麻布10×30cm、直徑0.5cm的押釦1組、25號繡線

※原寸刺繡圖案

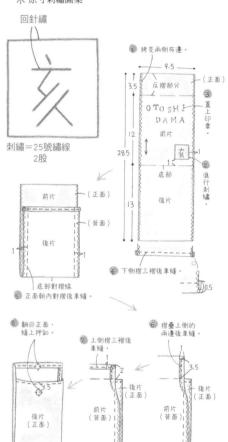

回針繡

刺繡＝25號繡線
2股

① 拷克兩側布邊。
9.5
（正面）
3.5
反摺部分
③ 蓋上印章。
OTOSHI DAMA
前片
28.5
12
亥
1
② 進行刺繡。
底部
後片
13
④ 下側摺三褶後車縫。
0.5

前片（正面）
（背面）
後片
1　底部對摺線　1
⑤ 正面朝內對摺後車縫。

⑧ 朝回正面，縫上押釦。
3.5
⑦ 上側摺三褶後車縫。
2
後片（正面）
前片（背面）
後片（正面）
⑥ 摺疊上側的兩邊後車縫。
3.5
後片（正面）
前片（背面）

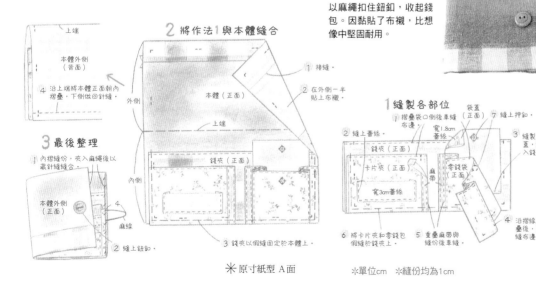

以麻繩扣住鈕釦，收起錢包。因黏貼了布襯，比想像中堅固耐用。

扁平錢包

神奈川縣／中出令子

市售的錢包以皮製的居多，雖然是很漂亮，但總覺得和編織籃或布包包不夠對味的你，想不想動手作一個超搭的布錢包呢？

※材料　駝色亞麻布（本體用）、格紋布（本體・錢夾用）各30cm的正方形、花形印花布（卡片夾・零錢袋用）35×20cm、淺駝色亞麻布（袋蓋用）15×25cm、布襯25×15cm、寬3cm蕾絲、寬1.8cm蕾絲各15cm、寬1cm麻帶20cm、麻線、直徑1.9cm鈕釦1顆、直徑0.8cm押釦1組

2 將作法1與本體縫合
① 捲縫。
② 在外側一半貼上布襯。
本體（正面）
上端

3 最後整理
① 內摺縫份，夾入麻繩後以藏針縫縫合。
本體外側（正面）
4
麻線
② 縫上鈕釦。

上端
本體外側（背面）
④ 沿上端將本體正面朝內摺疊，下側做回針縫。
外側
內側

1 縫製各部位
袋蓋
① 摺疊袋口後車縫。
② 縫上蕾絲。
布邊
③ 縫製袋蓋。
袋蓋（正面）
寬1.8cm蕾絲
錢夾（正面）
卡片夾（正面）
零錢袋（正面）
寬3cm蕾絲
麻帶
⑦ 縫上押釦。
⑥ 將卡片夾和零錢袋固定於本體上。
③ 錢夾以假縫固定於本體上。
⑤ 重疊麻帶與縫份後車縫。
④ 沿摺線摺疊後，車縫兩側。

※原寸紙型 A面
※單位cm　※縫份均為1cm

裁縫盒

埼玉縣／小林薫

這款作品有類似咖啡罐的圓滾滾造型，看似簡單，其實隱藏不少好用的配置喔！如側面的口袋，當盒子不小心倒下時，還可看到底部的重點刺繡，讓人不禁會心一笑。

米材料　駝色亞麻布（表布用）、靛藍格紋布（裡布用）各55cm的正方形、灰色毛氈布（針插用）15cm的正方形、棉襯50×40cm、布襯55×45cm、25號繡線、棉花

盒蓋內有機關喔！
原來是球狀的針插。

---

2 縫合側面與底部

① 底部黏貼布襯後繡上喜歡的圖案，再加上棉襯。

② 側面車縫成輪狀後與底部縫合。

底部
表布（正面）

14

側面
（背面）

2

底部
（背面）

棉襯

③ 疊合表布、裡布，以藏針縫縫合袋口一圈。

④ 疊合表布、裡布，以藏針縫縫合袋口一圈。

⑤ 進行平針繡。
表側面（正面）

裡布（正面）

③ 側面的裡布車縫成輪狀後與底部縫合。
❀ 裡布和表布裁成同尺寸

側面
裡布
（背面）

3

底部 裡布（背面）

口袋

針插（正面）

底部（正面）
直徑4.5cm

盒蓋
裡布（正面）

④ 底部進行毛邊繡。縫至盒盒底裡

---

1 製作口袋，車縫於側面

棉襯（袋口側裁剪）

46

※單位cm
※除特別標示處外，縫份均為1cm

③ 側面黏貼布襯。

側面
表布（正面）

① 口袋的表布和裡布背面相對車縫，裡布反摺。

15

口袋的表布
（正面）

② 車縫邊處。

7

⑤ 以平針繡製作隔層。

④ 口袋假縫固定於貼上棉襯的側面上。

口袋裡布
（背面）

4 縫製握環

盒蓋（正面）

10

0.2

裡布（背面）

① 平針繡

2

1

表布（正面）

② 縫至盒蓋上。

⑤ 表布和裡布縫份處以藏針縫縫合。

⑥ 藏針縫

盒蓋
裡布（正面）

0.2

盒蓋
表布（背面）

⑦ 平針繡

5 縫製針插，再縫於盒蓋上

① 緞面繡

針插
（正面）

0.4

10

0.2

針插（正面）

棉花

② 平針縫

③ 塞入棉花後拉緊縫線。

3 縫製盒蓋

上面
表布（背面）

① 黏貼布襯。

15

側面表布（背面）

50

3

③ 疊上棉襯與步驟 2 側面車縫成輪狀。

上面
表布（背面）

棉襯

側面
表布（背面）

② 捲成輪狀縫合。

④ 裡布的側面車縫成輪狀，再與蓋上縫合。

盒蓋
裡布（背面）

側面裡布（背面）

4

❀ 裡布、表布裁成同尺寸

繡花箱

兵庫縣／岡林琉璃

柔軟觸感來自夾在表布和裡布之間的棉襯。裡面有隔層，可用來溫柔守護容易損壞的箸置或文具等。開滿小花的蓋子，讓人不易從外觀看出用途，其實是實用性極高的收納盒。

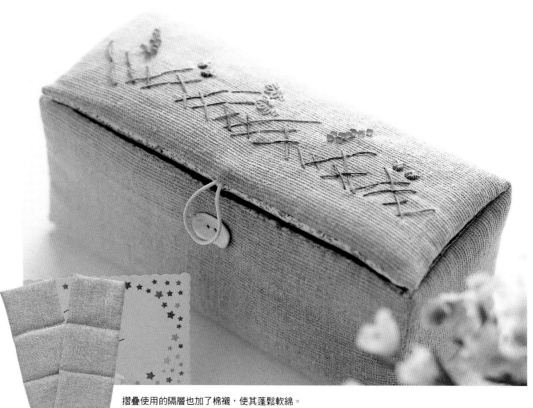

可依收納品調整內部隔層大小。

摺疊使用的隔層也加了棉襯，使其蓬鬆軟綿。

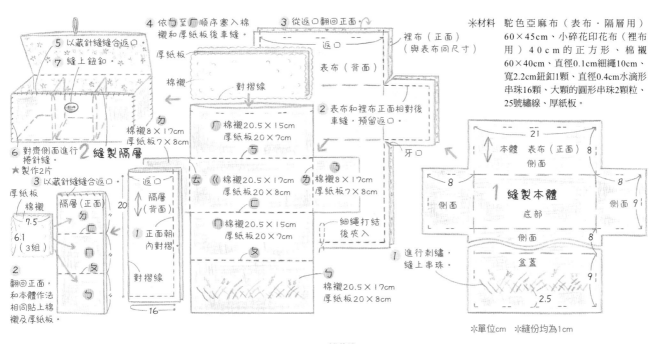

4 依ク至ワ順序塞入棉襯和厚紙板後車縫。

3 從返口翻回正面。

5 以藏針縫縫合返口。

7 縫上鈕釦。

6 對齊側面進行捲針縫。

2 縫製隔層
★製作2片

3 以藏針縫縫合返口。

厚紙板
棉襯
隔層（正面）

7.5
6.1
（3組）

2
翻回正面，和本體作法相同貼上棉襯及厚紙板。

返口
隔層（背面）

1 正面朝內對摺

對摺線

20

16

1 正面朝內對摺

厚紙板
棉襯
對摺線

返口

對摺線

厚紙板

棉襯

對摺線

カ

棉襯8×17cm
厚紙板7×8cm

イ 棉襯20.5×15cm
厚紙板20×7cm

ウ 棉襯20.5×17cm
厚紙板20×8cm

エ 棉襯20.5×15cm
厚紙板20×7cm

オ 棉襯20.5×17cm
厚紙板20×8cm

キ 棉襯8×17cm
厚紙板7×8cm

2 表布和裡布正面相對後車縫，預留返口。

裡布（正面）
（與表布同尺寸）

表布（背面）

返口

牙口

細繩打結後夾入

細繩打結後夾入

1 進行刺繡，縫上串珠。

※材料
駝色亞麻布（表布・隔層用）60×45cm、小碎花印花布（裡布用）40cm的正方形、棉襯60×40cm、直徑0.1cm細繩10cm、寬2.2cm鈕釦1顆、直徑0.4cm水滴形串珠16顆、大顆的圓形串珠2顆粒、25號繡線、厚紙板。

1 縫製本體

21
本體 表布（正面） 8
側面

8 底部 8

側面 9

側面 9

盒蓋 9

2.5

※單位cm ※縫份均為1cm

結合亞麻與棉襯，塑造立體感。

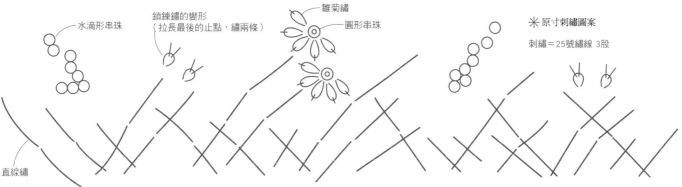

水滴形串珠

鎖錬繡的變形
（拉長最後的止點，繡兩條）

雛菊繡
圓形串珠

直線繡

※原寸刺繡圖案
刺繡＝25號繡線 3股

室內鞋

神奈川縣／川島千登勢

踩後腳跟的款式，正適合在家穿著，讓腳丫子放輕鬆。底部選用顏色低調的格紋布，與駝色亞麻十分相稱。

※材料 駝色亞麻布60cm的正方形、綠色格紋布（底部的裡布用），厚棉襯各30cm的正方形、布襯50×30cm、直徑0.8cm鈕釦6顆

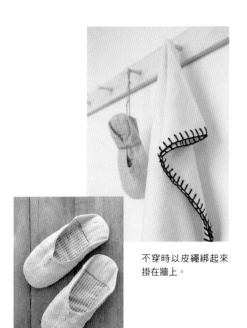

不穿時以皮繩綁起來掛在牆上。

彷彿聽見叭嗒叭嗒、窸窸窣窣的走路聲了嗎？

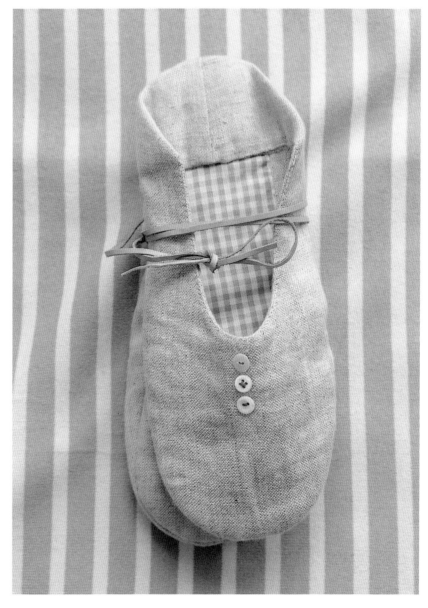

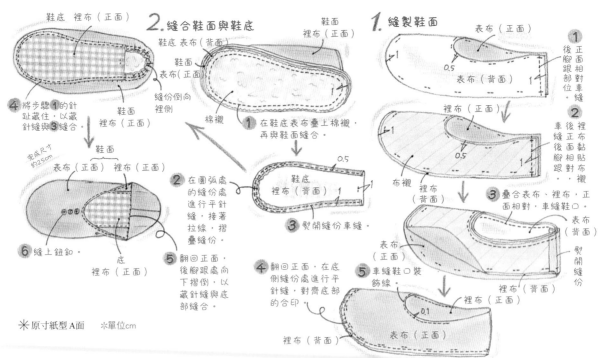

2. 縫合鞋面與鞋底

鞋底 裡布（正面）
鞋底 表布（背面）
鞋面 裡布（正面）
鞋面 表布（正面）
縫份倒向裡側
棉襯
鞋面 裡布（正面）

④ 將步驟①的針趾藏住，以藏針縫與③縫合。

① 在鞋底表布疊上棉襯，再與鞋面縫合。

② 在圓弧處的縫份處進行平針縫，接著拉線，摺疊縫份。

0.5

鞋底 裡布（背面）

③ 熨開縫份車縫。

④ 翻回正面，在底側縫份處進行平針縫，對齊底部的合印。

完成尺寸約25cm

鞋面
表布（正面） 裡布（正面）

⑥ 縫上鈕釦。

底 裡布（正面）

⑤ 翻回正面，後腳跟處向下摺倒，以藏針縫與底部縫合。

1. 縫製鞋面

鞋面 表布（正面）

① 正面相對縫合後腳跟部位。

1
0.5
表布（背面）
1

② 車縫後裡布正面黏貼後腳跟相對布。襯

裡布（正面）
布襯
裡布（背面）

③ 疊合表布、裡布，正面相對，車縫鞋口。

表布（正面）
表布（背面）
熨開縫份

⑤ 車縫鞋口裝飾線。

裡布（背面）
裡布（正面）

0.1

裡布（背面）
表布（正面）

※原寸紙型A面 ※單位cm

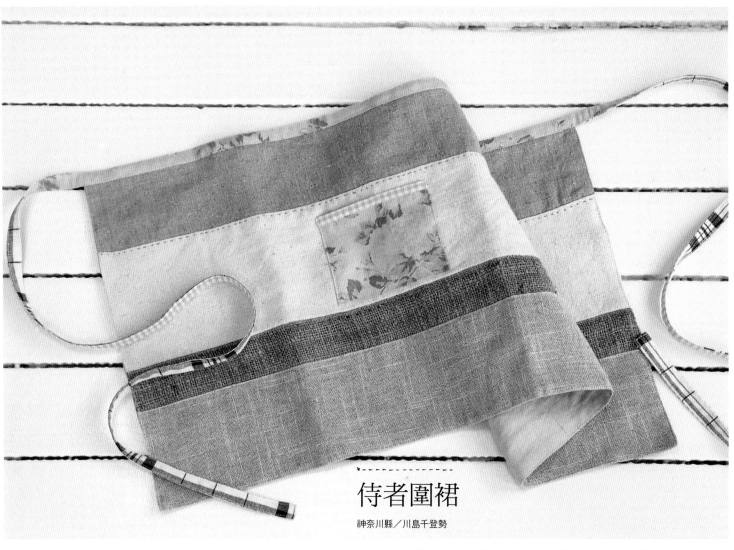

侍者圍裙

神奈川縣／川島千登勢

美到只在家使用實在太可惜了！在圍上圍裙的日子裡，即使是一杯茶，也要小心翼翼的泡出好喝的味道。不但越洗越有光澤，線的觸感也越來越柔軟。雖說是零碼布，其實尺寸頗大，但因為太可愛了，不要僅是看看，快動手試試吧！

※材料　亞麻布四種・花朵圖案印花布各85×15cm、薄亞麻布（裡布用）85×40cm、藍色格紋布135×10cm、淺藍格紋布75×15cm、25號繡線

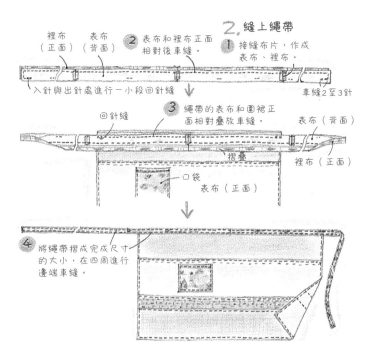

2. 縫上繩帶

裡布（正面）　表布（背面）

② 表布和裡布正面相對後車縫。

入針與出針處進行一小段回針縫

車縫2至3針

回針縫

③ 繩帶的表布和圍裙正面相對疊放車縫。

表布（背面）

摺疊

裡布（正面）

口袋　表布（正面）

④ 將繩帶摺成完成尺寸的大小，在四周進行邊端車縫。

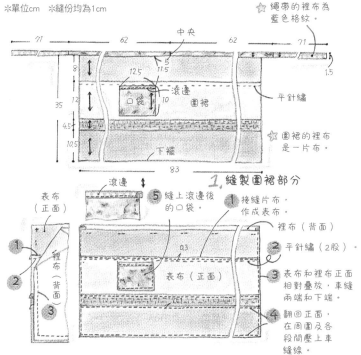

※單位cm　※縫份均為1cm

☆繩帶的裡布為藍色格紋。

71　62　中央　62　71

8　5　11.5

12.5

35　12　滾邊　圍裙　平針縫

口袋　10

4.5

10.5　下襬

☆圍裙的裡布是一片布。

83

1. 縫製圍裙部分

滾邊

表布（正面）

⑤ 縫上滾邊後的口袋。

① 接縫片布，作成表布。

裡布（背面）

0.3

② 平針縫（2股）

裡布（背面）

表布（正面）

③ 表布和裡布正面相對疊放，車縫兩端和下端。

④ 翻回正面，在周圍及各段間壓上車縫線。

一針一線重現童話故事，鑽入夢幻世界中。

小夫在猶豫中烘烤了南瓜風味的馬芬。戴著純白廚師帽的他，帥呆了！

小夫做了什麼呢？

三隻小豬的
甜點大對決！

小布製作的月見團子！

在練習中不斷地試味道，始終無法下定奪。最後端出來的團子，你覺得如何？

小助挑戰的
甜甜圈！

小助的甜甜圈裡塞滿美味的鬆軟栗子。裝在可愛的盒子裡，完全像是出自甜點師父之手！

埼玉縣／須佐佐知子

縫製一些可為生活增添姿色的實用小物固然不錯，但偶爾抽離實用性，也別有一番趣味。現在就來欣賞須佐小姐創作的夢幻世界。

小夫、小布和小助是三隻健康活潑的小豬。有一天，三兄弟為追上有著一身好廚藝的甜點師父老爸，決定舉行一場甜點比賽。三人為了要端出什麼看家本領而絞盡了腦汁。

小布決定做月見團子（譯注：指日本中秋賞月時吃的湯圓）。因感冒而不停打噴嚏、似乎失去味覺的小助，最後敲定以甜甜圈應戰。至於連睡覺都在思考要如何組合食材的小夫，則選擇以南瓜馬芬來一決高下。

以上圖片就是當天比賽的情景。結果三人打成平手，以「辛苦製作的糕點，能夠被大家稱讚好吃，真是太幸運了！」為比賽畫下句點。

富故事性的手作題材，是不是讓你也蠢蠢欲動呢？

左邊那個是南瓜風味的吧！略帶黃色，嘗起來應該又鬆又甜。上層灑上巧克力及堅果粒，美味加倍！

小夫穿上侍者圍裙，充滿幹勁地現身廚房。身體的部分以毛巾布製作，展現豬寶寶蓬鬆、柔軟的模樣。馬芬則由棉布及粗呢布縫成，傳遞穩重感。

✚ 小夫和小夫烘烤的鬆軟馬芬

※材料 <小夫>原色毛巾布（頭、身體及外耳）35×25cm、粉紅磨毛針織布（內耳・鼻）10cm的正方形、圍裙用布30×10cm、廚師帽用布15×10cm、領帶用布25×3cm、滾邊用布25×15cm、薄不織布（白・黑・粉紅）、直徑0.9cm的鐵絲、棉花

※小夫的原寸紙型A面

※單位cm ※縫份均為0.5cm

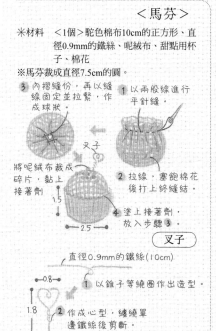

<馬芬>

※材料 <1個>駝色棉布10cm的正方形、直徑0.9mm的鐵絲、呢絨布、甜點用杯子、棉花

※馬芬裁成直徑7.5cm的圓。

3 內摺縫份，再以縫線固定並拉緊，作成球狀。

將呢絨布裁成碎片，黏上接著劑

1.5

2.5

1 以兩股線進行平針縫。

2 拉線，塞飽棉花後打上終結結。

4 塗上接著劑，放入步驟3。

叉子

直徑0.9mm的鐵絲(10cm)

0.8

1.8

1 以錐子等繞圈作出造型

2 作成心型，纏繞單邊鐵絲後剪斷。

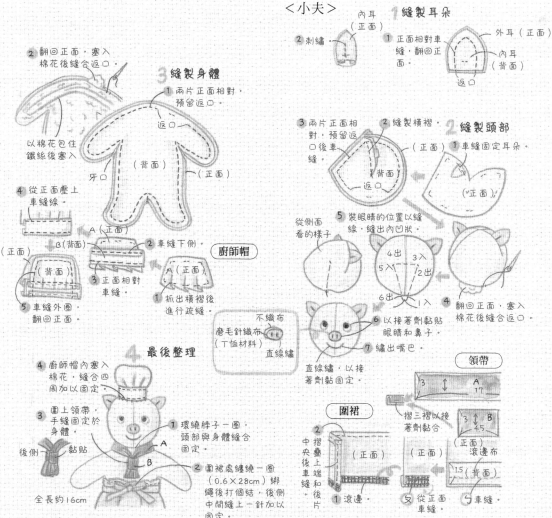

2 翻回正面，塞入棉花後縫合返口。

縫製身體 3
1 兩片正面相對，預留返口。
返口
以棉花包住鐵絲後塞入
（背面）（正面）牙
4 從正面壓上車縫線
A（正面）
B（背面）
（正面）（背面）
2 車縫下側
3 正面相對車縫
5 車縫外圈，翻回正面。

廚師帽
1 抓出橫褶後進行疏縫

最後整理 4
4 廚師帽內塞入棉花，縫合四周加以固定。
3 圍上領帶，手縫固定於身體。
後側 黏貼
1 環繞脖子一圈，頭部與身體縫合固定。
A
B
2 圍裙處縫繞一圈（0.6×28cm）綁繩後打個結，後側中間縫上一針加以固定。
全長約16cm

<小夫>
縫製耳朵 1
2 刺繡
1 正面相對車縫，翻回正面。
內耳（正面）
外耳（正面）
內耳（背面）
返口

縫製頭部 2
3 兩片正面相對，預留返口後車縫。
2 縫製橫褶
1 車縫固定耳朵
（正面）
（背面）
返口
（正面）
5 裝眼睛的位置以縫線，縫出內凹狀。
從側面看的樣子
4出 3入
5入 2出
6出 1入
4 翻回正面，塞入棉花後縫合返口。
6 以接著劑黏貼眼睛和鼻子。
7 繡出嘴巴

不織布
磨毛針織布（T恤材料）
直線繡
直線繡，以接著劑黏固定

領帶
3 A
17
摺三褶以接著劑黏合
3 B
45
（正面）滾邊布
1.5（背面）

圍裙
2 中央後端車縫
（正面）
1 滾邊
又從正面車縫

1 滾邊
又從正面車縫
摺疊上端和後片

※圍裙的完成尺寸為5.5×19cm

鹿兒島縣／畦地瞳

布花人氣當紅！可愛度不亞於自然花。

在不久前，手工縫製布花還是件費時費工的事。先得將布染成自然色，接著裁剪成以公釐為單位的細小花瓣及葉子，相互組合出花形，最後再固定到鐵絲作成的莖幹上……實際操作過程，比上述的還更加繁瑣。

也許是拜胸花流行之賜，變得能藉由更簡易的方法製作出手作布花，因此愛玩手作布花的人也越來越多了。加一亞麻風潮的助陣，隨處可見散發自然色彩的布花。

胸前別上一朵布花，美麗不在話下，還可以裝飾在包包的提把上，或加上鐵絲裝飾在窗簾的縷穗上。布花有著各種的可能性喔！

✚ 亞麻胸花

利用裁縫衣服剩餘的布料，縫製胸花。將裁成圓形的布片由大至小往上疊放，作成一片片花瓣。再點綴上珍珠串珠及麻質蕾絲，隱約散發羅曼蒂克的氣氛。

米材料 亞麻布15cm的正方形、寬0.9cm的麻質蕾絲25cm、寬0.4cm的織帶30cm、珍珠串珠、長4cm的別針

※直接剪裁

正面

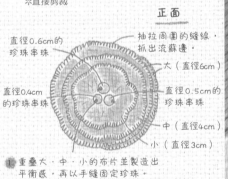

- 直徑0.6cm的珍珠串珠
- 抽拉周圍的縫線，抓出流蘇邊
- 大（直徑6cm）
- 直徑0.4cm的珍珠串珠
- 直徑0.5cm的珍珠串珠
- 中（直徑4cm）
- 小（直徑3cm）

1. 重疊大・中・小的布片並製造出平衡感，再以手縫固定珍珠。

背面

3. 縫上別針

2. 對摺織帶和麻質蕾絲後縫固定

- 織帶（26cm）
- 麻質蕾絲（23cm）

※ 完成尺寸長約16cm

米材料　＜1朵＞花形印花布四種各10cm的
　　　　正方形、寬0.8cm的碎布60cm、直
　　　　徑2.2mm的鋁鐵絲、24號鐵絲、木
　　　　工用接著劑、白色花芯。

1. 製作花瓣

準備四種印花布。

② 木工用接著劑（2小匙）加水
（100cc）稀釋，以刷子塗在
布料背面。

（背面）

10cm正方形

③ 待布乾掉後，再剪下花瓣。

④ 在布料背面處以熨斗尖端燙出圓弧形。

小

大

2. 製作花芯

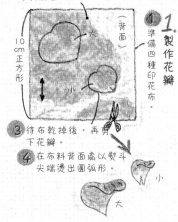

① 取7根花芯於中間處以鋁鐵絲繫住。

12

② 對摺花芯後，以鐵絲固定。

纏捲24號鐵絲

鋁鐵絲

3. 最後整理

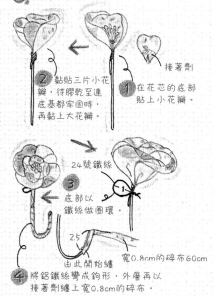

接著劑

① 在花芯的底部貼上小花瓣。

② 黏貼三片小花瓣，待膠乾至連底基都牢固時，再黏上大花瓣。

24號鐵絲

③ 底部以鐵絲做圈環。

2.5

由此開始纏

寬0.8cm的碎布60cm

④ 將鋁鐵絲彎成鉤形，外層再以接著劑纏上寬0.8cm的碎布。

米原寸紙型

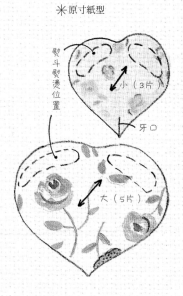

熨斗燙燙位置

小（3片）

牙口

大（5片）

玫瑰掛鉤

層層疊疊的優雅花形，
讓人一見就喜歡！
在裁剪棉質印花布前，
先塗上一層接著劑使其變硬；
接著以熨斗由背面燙出圓弧形……
經過如此細心處理，終於綻放出美麗花朵。

給新手的拼布課

將沉睡在抽屜內許久的碎布集中後，就可以隨時隨地動手玩拼布。
一針一線認真拼縫，一旦領略箇中樂趣，你也會愛上！

SQUARE PATTERN

最基礎的技法，潛藏無限可能！

※四角拼布圖案

照片為原寸。布片的原寸紙型在A面。

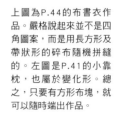

上圖為P.44的布書衣作品。嚴格說起來並不是四角圖案，而是用長方形及帶狀形的碎布隨機拼縫的。左圖是P.41的小靠枕，也屬於變化形。總之，只要有方形布塊，就可以隨時端出作品。

拼布，是美國拓荒時代，缺乏物資的人們為生存而發展出的一項生活智慧。婦女們將手邊的碎布一針一線地拼接起來，為家人縫製衣服或日用小物，就這樣揭開拼布的序幕。不如我們也一邊回想當時的情景，一邊動手做做看吧！

首先，來學作拼布中最基礎的四角圖案。如圖只拼縫正方形布片，就可以創造出數量驚人的作品；當然也可以像右邊的照片，加入長方形的組合。

製作・指導／須長幸子

*為便於解說，改變部分縫線的顏色，
　實際製作時請依布料色澤挑選縫線顏色。

利用5cm的
正方形碎布試看看！

由九片拼布接縫的作品稱為「九宮格」。
可隨選用的花色，拼玩出多變的風格。

START!

米材料　拼布用布四種、裡布
15cm的正方形、縫線

接縫拼布

8 依同樣方式拼縫第二列和第三列。
交叉點的縫份呈風車狀，讓重疊部
分分布均勻，成品會較平整。九宮
格就完成了喔！

完成

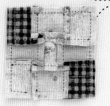

9 裡布為一片布，裁成和表布一樣
大。與表布疊放，預留返口後正面
相對縫合。

コ字縫

表布（正面）
摺線
一邊拉著縫
份的摺線，
一邊縫合。
裡布（正面）

GOAL!

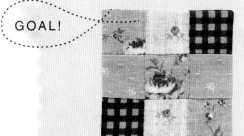

翻回正面，返口以コ字縫縫合（請參閱上
方插圖）。

---

5 依同樣方式拼縫第二、三列。第二
列的縫份倒向內側，第三列縫份倒
向外側。

6 第一列與第二列正面相對，縫份線
處插入珠針固定。

7 按著車縫縫份線（交叉點的縫法請
參照圖示）。起針處和收針處均進
行一針回針縫。

交叉點的縫法

剖面圖

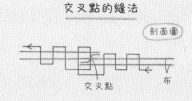

交叉點　　　　布

1 依紙型畫上0.7cm的縫份，裁剪出九
片布片。

2 兩片布片正面相對，珠針垂直插在
縫份線上。

3 按照縫份線縫製。起針處和收針處
均進行一針回針縫。

4 再縫接一片布片，完成第一列的圖
案。縫份倒向外側。

以四角拼布裝點一下，就變可愛了！

衛浴萬用收納袋

披肩

米材料　毛巾布55×80cm、拼布用布數種、寬1.6cm斜紋織帶50cm

〈披肩〉

6　　　　77.5　　　　6

對摺線

對摺線　　對摺線

5

（正面）

25

（背面）

1 拼縫　對摺線　2

返口　夾入織帶・對摺・預留

寬1.6cm斜紋織帶（長24cm）

21

0.8

3 翻回正面・縫合返口（長10cm）

回針縫

※單位cm　※縫份均為1.2cm

繩子在胸前打個結，紅色印花布立即發揮畫龍點睛效果，對著鏡子，心情也好了起來呢！

38

衛浴萬用收納袋＆披肩

東京都／二宮慶美

浴室的備用肥皂要放在哪裡呢？剛洗好的頭髮披在肩上覺得不舒服嗎？衛浴用品可以幫你解決這類困擾。兩款手作品都以散發清潔感的白色為基底色，再適度裝飾色彩明亮的四角拼布圖案。

＜衛浴萬用收納袋＞

米材料　鬆餅布25×40cm、拼布用布數種、寬1.6cm斜紋織帶25cm、直徑0.8cm押釦・鈕釦各2顆、25號繡線

※單位cm　※除特別標示處外，縫份均為0.7cm

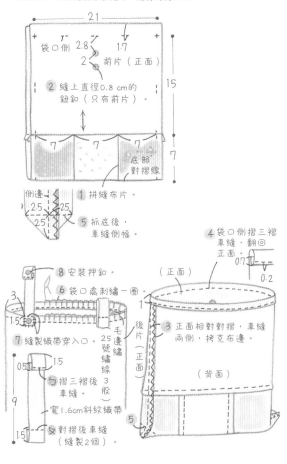

塑膠袋收納包

神奈川縣／高柳雪

在縫成圓筒狀的上下布端穿入鬆緊帶，內斂的色調，展現洗鍊氛圍。將它吊放在伸手可及的位置。其他如圍裙及餐巾等必要的廚房雜貨，也可以相同的作法縫製喔！

米材料　白色亞麻布35×50cm、拼布用布數種、寬1.3cm斜紋織帶25cm、寬0.7cm鬆緊帶40cm

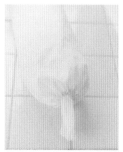

塑膠袋從上方裝入，下方抽取，方便又好用！

※除特別標示外，縫份均為0.7cm

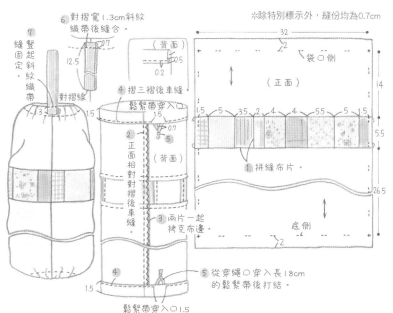

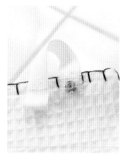

織帶的前端縫上押釦，方便隨處吊掛。

袋口邊緣進行毛邊繡。以紅色鈕釦裝飾，效果奇佳。

大
大
小
小
的
碎
布
，
任
你
隨
意
拼
縫
。

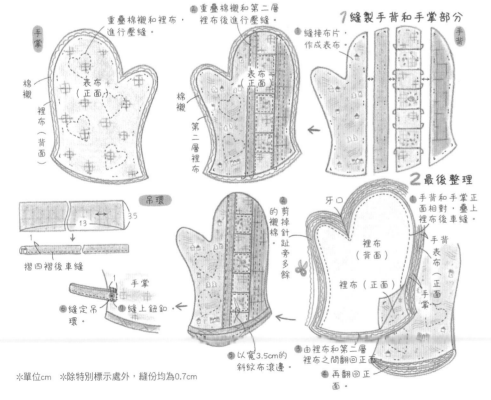

1 縫製手背和手掌部分

①縫接布片，作成表布。

重疊棉襯和裡布，進行壓縫。

②重疊棉襯和第二層裡布後進行壓縫。

手掌

棉襯

表布（正面）

裡布（背面）

表布正面

棉襯

第二層裡布

手背

2 最後整理

①手背和手掌正面相對，疊上裡布後車縫。

牙口

剪掉針趾多餘的襯棉

②剪掉針趾多餘的襯棉

裡布（背面）

裡布（正面）

手背

表布（正面）

手掌

吊環

35

13

1

摺四褶後車縫

手掌

⑥縫定吊環

①縫上鈕釦

③以寬3.5cm的斜紋布滾邊。

④由裡布和第二層裡布之間翻回正面

⑤再翻回正面。

隔熱手套

青森縣／秋田景子・成田弘子

四角拼布圖案裝飾於隔熱手套手背處，手掌部分則不進行拼縫。以花朵和房子圖案布的搭配，看似不搭調，但接縫後卻意外地協調。

米材料　拼布用布數種、滾邊布、吊環用布、手掌用布（含布片部分）30cm的正方形、裡布（含布片部分）55×30cm、第二層裡布30cm的正方形、棉襯45×30cm、直徑1cm的鈕釦1顆

※單位cm　※除特別標示處外，縫份均為0.7cm

米 原寸紙型A面

40

正方形小靠枕

埼玉縣／福島三千代

這是一款由較大片碎布拼縫的作品。看似與拼布作品不太相同，但格紋、直條紋，以及碎花圖案的接縫方式和拼布是一樣的。在接縫線夾入蕾絲蛇腹帶（上）或縫上鈕釦的巧思，都超有新意的！

米材料　＜上方的靠枕＞原色亞麻布（a、b用）30×40cm、拼布用布數種、寬0.5cm蕾絲蛇腹帶（為彎曲狀的裝飾帶，也可使用水兵帶代替）20cm、枕心（26cm的正方形）

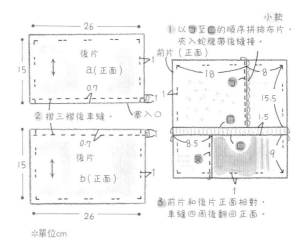

長方形小靠枕

東京都／小森里佳

成品為25×33cm，迷你的尺寸正適合當日間小憩的枕頭，隨意放在屋內也不覺礙手礙腳。在邊角處加上個雞眼釦，穿入緞帶，連小細節都不放過。

米材料　＜右側的靠枕＞拼布用布三種、圖案蕾絲、緞帶2種、直徑2cm的雞眼釦、直徑1cm的押釦各1組、枕心（25×33cm）

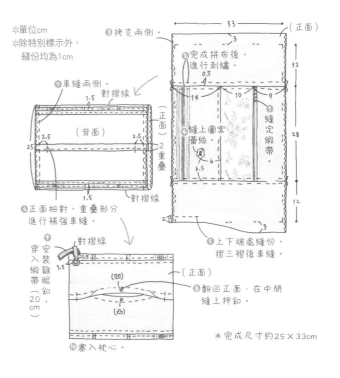

連繩端也有鈕釦花！利用不同花色的碎布縫製的
穿繩環，熱鬧繽紛。

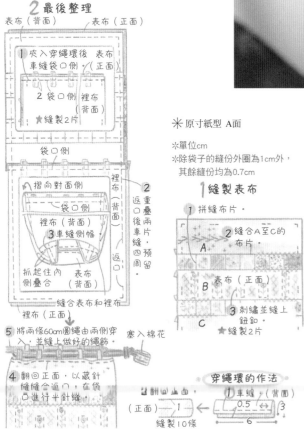

2 最後整理

表布（背面）   表布（正面）

1 夾入穿繩環後 表布
  車縫袋口側。（正面）
        2 袋口側 裡布
              （背面）
    ★ 縫製2片

      袋口側

摺向對面側   裡布
              （背面）
  袋口側   2
  裡布（背面）   返口後車縫
  3 車縫側幅   預留
                四周
  抓起住內 表布
  側疊合（背面）

          縫合表布和裡布
裡布（正面）

5 將兩條60cm圓繩由兩側穿
  入，並縫上做好的繩飾。

4 翻回正面，以藏針
  縫縫合返口，在袋
  口進行半針縫。

穿繩環的作法
  翻回正面

（正面）1   （背面）
              0.5   3
      6
  縫製10條

米 原寸紙型 A面

※單位cm
※除袋子的縫份外圍為1cm外，
  其餘縫份均為0.7cm

1 縫製表布

1 拼縫布片。

        2 縫合A至C的
          布片。
  A
        表布（正面）
  B
        3 刺繡並縫上
          鈕釦。
  C
      ★ 縫製2片

花鈕釦縮口袋

神奈川縣／溝渕由美子

有二十年的拼布經驗的溝渕小姐，在一心追求繁複圖案之後，而今
回顧時卻被基本的拼縫方式所吸引，由此可窺見四角拼布的魅力，
值得一再細細地探索。哦！別漏掉包包上隨處綻放的鈕釦花。

米材料　拼布用布數種、穿繩環及繩飾、茶色繡紋織布（表布A用）30×20cm、
　　　　淺茶色格紋布（裡布B用）、40×25cm、茶色及灰色格紋（裡布C用）
　　　　30×25cm、印花布（裡布用）55×30cm、直徑0.4cm的圓頭蠟繩
　　　　120cm、心型鈕釦（直徑1cm）4顆、（直徑0.6cm）6顆、花型鈕釦（直
　　　　徑0.6cm）2顆、25號繡線、棉花

四角拼布包

玫瑰花小肩包

宮城縣／氏家順子

仔細看，原來是幾朵盛開的大朵玫瑰，在素色和碎花布襯托下，花朵顯得更搶眼。整體絕妙的平衡，讓人再次感受到拼布的美妙。

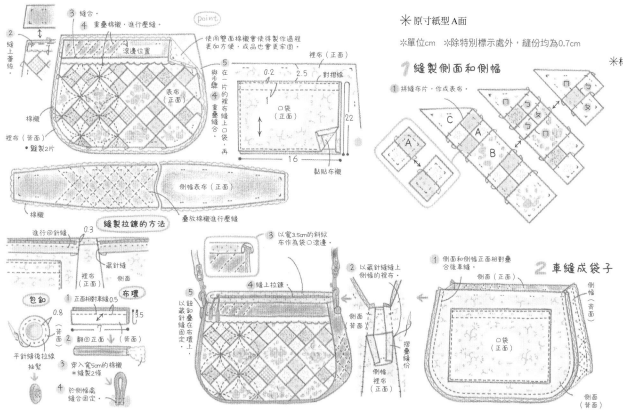

※原寸紙型A面

※單位cm ※除特別標示處外，縫份均為0.7cm

1 縫製側面和側幅
①拼縫布片，作成表布。

2 車縫成袋子

※材料 原色花朵印花布三種，綠白格紋布、小碎花布兩種各25×15cm、白色蕾絲30×15cm、粉駝色素色布（拼布用，側幅的表布，包釦，布環用）45cm的正方形、駝色繡紋布（滾邊用）25cm的正方形、小碎花布（裡布用）50cm的正方形，棉襯55×25cm、布襯、寬1.5cm蕾絲45cm、直徑2cm鈕釦2顆、長18cm拉鍊、市售肩帶

布書衣

東京都／鈴木惠美子

拆開來看，顯得零零落落，拼縫起來卻令人驚艷！鈴木小姐的創作風格簡單說就是藍色。藍布，與藍相稱的布……像是刻意選布縫製的，數數看，究竟用了幾種布呢？

※材料　各種碎布、丹寧布（裡布）40×20cm、寬0.7cm絲質紗緞帶25cm、蕾絲和布帶適量、鈕釦4顆

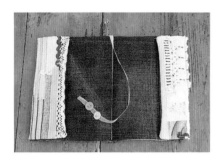

裡布是丹寧布。因為有厚度，可牢牢套住不滑動，所以易於攜帶。在薄紗緞帶上裝飾鈕釦，作成書籤。

※單位cm　※縫份均為1cm

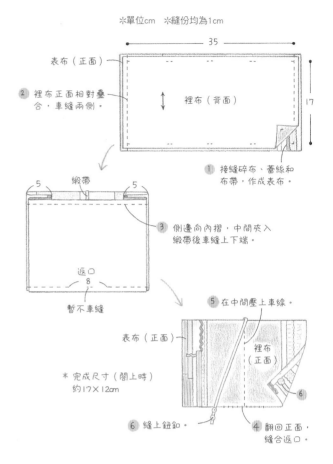

表布（正面）

2 裡布正面相對疊合，車縫兩側。

35

裡布（背面）

17

1 接縫碎布、蕾絲和布帶，作成表布。

緞帶

5　　　5

3 側邊向內摺，中間夾入緞帶後車縫上下端。

返口
8
暫不車縫

5 在中間壓上車線。

表布（正面）

裡布（正面）

＊完成尺寸（閣上時）約17×12cm

6 縫上鈕釦。

6

4 翻回正面，縫合返口。

杯墊

愛知縣／佐藤純美

為什麼只是把四方形布片縫接起來，就能顯得獨樹一格呢？訣竅在於摺疊上的巧思。比照餐廳的餐巾，左疊右摺一番，圖片中的杯墊就會現身了。令人有一種置身咖啡館的錯覺哦！

※材料　（1張）數種碎布、不織布、直徑1.2cm的包釦、直徑0.2cm的麻繩40cm、25號繡線、印章、布用印章墨水

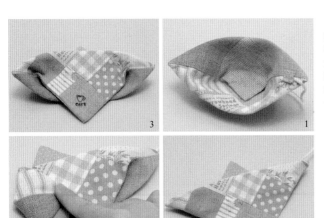

1. 拼縫碎布後，抓布端對角，將中間的角塞入裡面。2. 稍微拉出塞入角的尖端。3. 前後片蓬鬆攤平。4. 左右側的前端向內摺。以熨斗整燙步驟②至④的形狀。

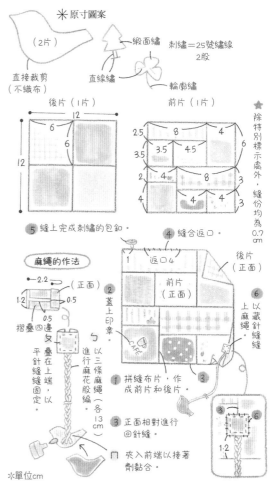

※原寸圖案

（2片）
直接裁剪
（不織布）

緞面繡
直線繡
輪廓繡

刺繡＝25號繡線
2股

除特別標示處外，縫份均為0.7cm

後片（1片）
12
12
6
6

前片（1片）
2.5　8　4
3.5　3.5　4.5　6
2　8　3
4　4　3

⑤ 縫上完成刺繡的包釦。

④ 縫合返口。

① 拼縫布片，作成前片和後片。

② 蓋上印章。

③ 正面相對進行回針縫。

⑥ 以藏針縫縫上麻繩。

【麻繩的作法】

2.2（正面）
1.2　0.5
摺疊四邊

以三條麻繩進行花股編（各13cm）

又疊在上端，以平針縫縫固定

夾入前端以接著劑黏合

※單位cm

返口4
前片（正面）
後片（正面）

3　6
1.2

※單位cm

展現寬度的大方圖案

✳ 六角形拼布

照片為原寸大小。布片的原寸紙型在A面。

HEXAGON PATTERN

Hexagon直譯為「六角形」的意思。同樣是規則狀的圖案，但角的線條比四角拼布和緩，給人柔美的印象。

你一定也覺得要縫得這麼漂亮應該不容易吧！別擔心，只要事先在布片中夾入八角形的紙板後再縫，每個角都會是整整齊齊的，絕對不會失敗。

經過巧妙搭配，六角形圖案有時看來就像綻開的花朵。如果想增添作品的華麗感或做重點裝飾，一定會想到它。

上方照片為P.48的布書衣上開了一朵六角拼布小花。左邊照片則是P.50的萬用包。不論是哪一個，炫麗的顏色，立刻成了目光的焦點。如此聚焦的效果，只要自己動手作一個，就會愛上它！

製作・指導／須長幸子

*為便於解說，改變部分縫線的顏色顏色，
　實際製作時請依布料色澤挑選縫線顏色。

START!

拼縫六角形布片

六角形拼布的作法好像在拼拼圖。
只要按照花色的布片排列，一邊構圖一邊拼縫，好有趣喔！

米材料　拼布用布三種、裡布
25cm的正方形、各邊
22mm的六角形紙板19
片、線

裁縫　　　　　　　　　　　　　　　　　　　　　拼布

9 表布和裡布背面相對後，以珠針固
定，加上0.7cm的縫份後裁下裡布。

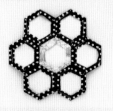

5 其餘4片同樣以捲針縫縫合，最後
一片則需縫合三個邊。如此就完成
一圈六角形拼布。

1 以紙型加畫上0.7cm的縫份後，裁成
19片的布片。

10 在裡布的凹處剪牙口。

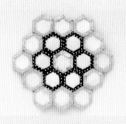

6 接著將其餘的12塊布片以捲針縫拼
接，完成第二圈。

2 紙板放在布片背面，以珠針固定，
摺疊縫份後進行疏縫（穿透紙板一
起縫合）。其餘布片作法相同。

11 摺疊裡布的縫份，縫份處進行疏
縫。

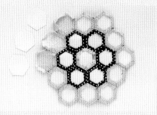

7 拆下疏縫線，取出紙板。

3 作為中心點的花芯布片與圓點布片
正面相對疊放，以小針趾進行捲針
縫。

立針縫的縫法

0.3～0.4cm
摺線
表布和裡布的摺
線呈垂直狀態，
串縫兩者的縫
線變得不明顯。
表布
（正面）
裡布（背面）

8 以熨斗熨開縫份，整平拼布塊。

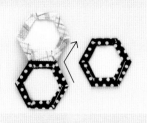

4 攤平步驟③，依箭頭方向接縫布
片。

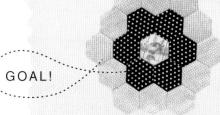

GOAL!

在四周進行立針縫（縫法請參閱圖示）。

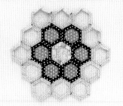

完成六角形拼布。

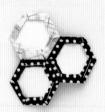

三張布片接縫起來。

布書衣

兵庫縣／高橋萬由里

Feedsack原指十九世紀中葉美國用來盛裝家畜飼料的布袋，本款作品就是選用Feedsack布料。亮麗花色與獨特觸感的結合，令人印象深刻。

攤開布書衣，原來是一朵大花……
花芯是鮮艷的黃色。

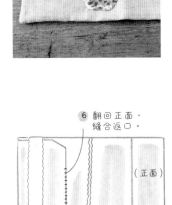

※材料　拼布用布數種、素色布（本體）45×40 cm、寬2.2cm蕾絲20cm、寬1cm水兵帶20cm

※原寸紙型 A面

※單位cm　※縫份均為0.5cm

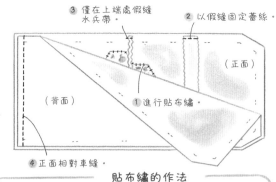

③ 僅在上端處假縫水兵帶。

② 以假縫固定蕾絲。

（正面）

（背面）

① 進行貼布繡。

④ 正面相對車縫。

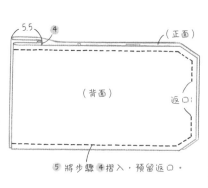

⑥ 翻回正面，縫合返口。

（背面）

（正面）

返口

5.5

④

⑤ 將步驟④摺入，預留返口。

貼布繡的作法

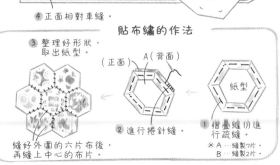

③ 整理好形狀，取出紙型。

（正面）　A（背面）

紙型

② 進行捲針縫。

① 摺疊縫份進行疏縫。
　※A…縫製2片
　※B…縫製2片

縫好外圍的六片布後，再縫上中心的布片。

⑦ 夾住水兵帶的前端，進行捲針縫。

B

※完成尺寸（闔上時）
16×11cm

馬克杯墊

愛知縣／稻垣裕美子

幫每天都會用到的馬克杯，量「杯」縫製合適的杯墊吧！如果你是不擅長配色的人，可依照這個立體的六角拼布選用同色系的布片，保證零失敗！

米材料　（1個）拼布用布數種、駝色亞麻布（裡布·底部用）
　　　　35×20 cm、10cm的正方形棉襯

米 原寸紙型 A面

※縫份均為1cm

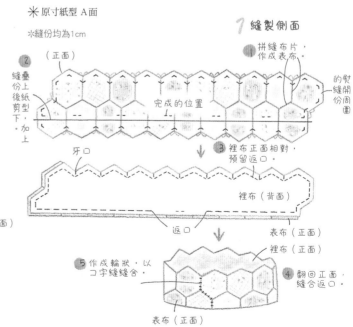

7 縫製側面

① 拼縫布片，作成表布。

② 縫疊上後紙型剪下，加上縫份的剪開份周圍

（正面）

完成的位置

牙口

③ 裡布正面相對，預留返口。

裡布（背面）

返口

表布（正面）

⑤ 作成輪狀，以コ字縫縫合。

表布（正面）

裡布（正面）

④ 翻回正面，縫合返口。

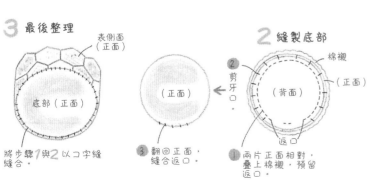

3 最後整理

表側面（正面）

底部（正面）

將步驟1與2以コ字縫縫合。

2 縫製底部

棉襯

（正面）

（背面）

② 剪牙口

③ 翻回正面，縫合返口。

返口

① 兩片正面相對，疊上棉襯，預留返口。

49

六角拼布萬用包

大阪府／辻野和代

這是一款可作為配色範本的萬用包。辻野小姐以最愛的雛菊為主角，四周再搭配圓點及條紋圖案，全都不脫離橘色系，維持一致感。正如包名所言，放什麼都方便！

參考萬用包的作法縫製的手機袋。D型環穿過棉布，再加上附鋅鉤的皮製提把。完成尺寸約11.5×8 cm。

※材料 ＜萬用包＞拼布用布數種、表布25×35cm、裡布30×35cm、棉襯25×35cm、寬4cm的滾邊布40×5cm、長17cm拉鍊

※單位cm
※除特別標示處外，縫份均為0.7cm

※完成尺寸
　　約12×14cm
　　側幅4cm

※布片的原寸紙型

　　手機套

　　萬用包

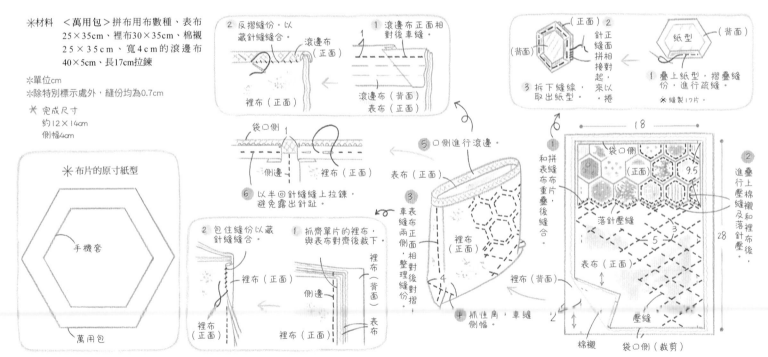

1 滾邊布正面相對後車縫。

滾邊布（正面）

2 反摺縫份，以藏針縫縫合。

滾邊布（背面）
表布（正面）

滾邊布（正面）
裡布（正面）

（正面）

紙型
（背面）

2 針正縫面拼相接對起，來以。捲

1 疊上紙型，摺疊縫份，進行疏縫。
※縫製17片。

3 拆下縫線，取出紙型。

袋口側

側邊
裡布（正面）

5 口側進行滾邊。

表布（正面）

6 以半回針縫縫上拉鍊，避免露出針趾。

1 和拼縫表布布重疊後縫合。

18

袋口側
（正面）
9.5

落針壓縫

2 進行疊上棉襯及落針布壓縫理後縫。

裡布（正面）

表布（正面）

28

5

壓縫

3 車表縫布兩正側面，相對整理後對摺對份。

裡布（正面）

4

4 抓住角，車縫側幅。

2 包住縫份以藏針縫縫合。

1 抓齊單片的裡布，與表布對齊後裁下。

裡布（背面）
側邊
裡布（正面）
裡布（正面）

表布

4

棉襯　　袋口側（裁剪）

就愛拼布，
千變萬化的巧妙組合！

大人味的外出包

神奈川縣／新谷純子

以分明的節奏運用布片，巧妙組合出這一個包款，正因周邊色調樸素，使得主色一下子就跳出來。記下此種配色方法，說不定日後還可派上用場。

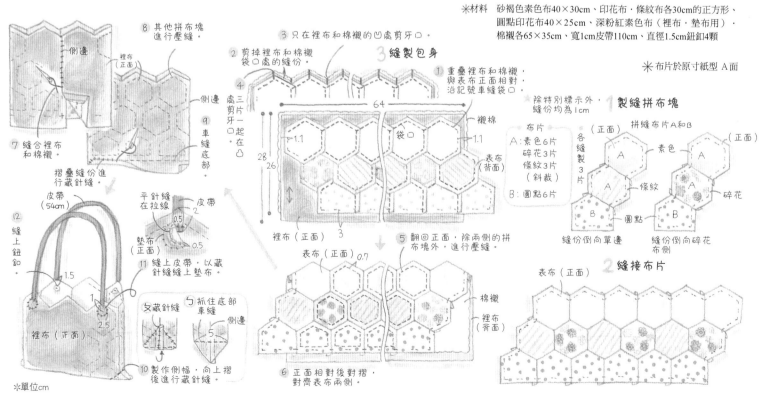

※材料　砂褐色素色布40×30cm、印花布·條紋布各30cm的正方形、圓點印花布40×25cm、深粉紅素色布（裡布·墊布用）·棉襯各65×35cm、寬1cm皮帶110cm、直徑1.5cm鈕釦4顆

※布片於原寸紙型 A面

3 縫製包身

① 重疊裡布和棉襯，與表布正面相對，沿記號車縫袋口。

② 剪掉裡布和棉襯袋口處的縫份。

③ 只在裡布和棉襯的凹處剪牙口。

④ 三片一起在凸處剪牙口。

8 其他拼布塊進行壓縫。

7 縫合裡布和棉襯。

9 車縫底部。

摺疊縫份進行藏針縫

側邊
裡布（正面）
側邊

⑤ 翻回正面，除兩側的拼布塊外，進行壓縫。

⑥ 正面相對後對摺，對齊表布兩側。

襯棉
袋口
表布（背面）
64
28
26
1.1
1.1
裡布（正面）
3

表布（正面）0.7
棉襯
裡布（背面）

★除特別標示外，縫份均為1cm。

1 製縫拼布塊

布片
A：素色6片
碎花3片
條紋3片（斜裁）
B：圓點6片

拼縫布片A和B
（正面）
各縫製3片
素色
A
A
條紋
碎花
B
圓點
B
（正面）
縫份倒向單邊
縫份倒向碎花布側

2 縫接布片

表布（正面）

平針縫在拉線
皮帶
皮帶
0.5
2
墊布（正面）
0.5
11 縫上皮帶，以藏針縫縫上墊布。

皮帶（54cm）

12 縫上鈕釦

1.5
1
2.5
裡布（正面）

女藏針縫　⊃抓住底部車縫
側邊
5
10 製作側幅，向上摺後進行藏針縫。

※單位cm

51

泡芙隔熱墊

山梨縣／持田由季子

將塞入棉花的泡芙拼布，運用在隔熱墊上，可達到完全阻絕熱傳遞的效果，是款不僅好看又實用的作品。鮮麗的色調則將四周輝映得繽紛熱鬧，廚房氣氛也會變得煥然一新。

碎布裁成直徑約2cm的心形，拼接後塞入棉花的迷你掛鉤。加上鐵絲，是吊掛隔熱墊或衣服的好用小道具。

米材料　<隔熱墊>泡芙·布環用數種布片、印花布（裡布用）·棉襯各20cm的正方形、寬4cm滾邊用布80cm、棉花
<迷你掛鉤1個>印花布10×5cm、直徑0.2cm鐵絲25cm、棉花

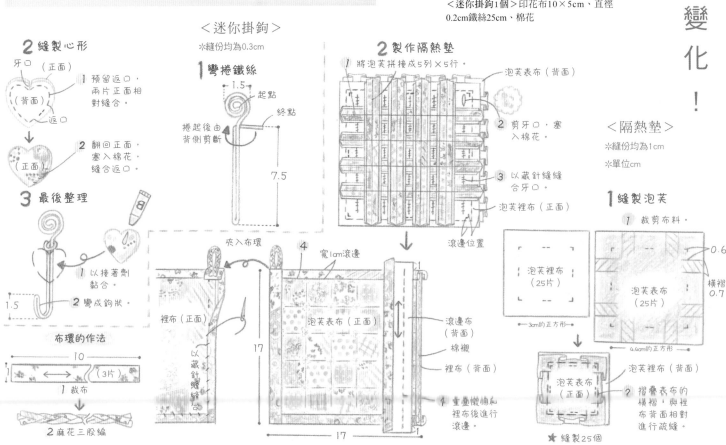

2 縫製心形

牙口（正面）

1 預留返口，兩片正面相對縫合。

（背面）

返口

2 翻回正面，塞入棉花，縫合返口。

（正面）

3 最後整理

1 以接著劑黏合。

2 彎成鉤狀。

1.5

布環的作法

10

（3片）

1 裁布

2 麻花三股編

<迷你掛鉤>

※縫份均為0.3cm

1 彎捲鐵絲

1.5

起點

終點

捲起後由背側剪斷

7.5

夾入布環

裡布（正面）

以藏針縫縫合

4

寬1cm滾邊

17

裡布（正面）

泡芙表布（正面）

17

滾邊布（背面）

棉襯

裡布（背面）

1 重疊鋪棉與裡布後進行滾邊。

2 製作隔熱墊

1 將泡芙拼接成5列×5行。

泡芙表布（背面）

2 剪牙口，塞入棉花。

3 以藏針縫縫合牙口。

泡芙裡布（正面）

滾邊位置

<隔熱墊>

※縫份均為1cm

※單位cm

1 縫製泡芙

1 裁剪布料

泡芙裡布（25片）

泡芙表布（25片）

0.6

橫褶0.7

3cm的正方形

4.4cm的正方形

泡芙裡布（背面）

泡芙表布（正面）

2 摺疊表布的橫褶，與裡布背面相對進行疏縫。

★縫製25個

52

瘋狂拼布餐墊

東京都／鹽崎百合榮

這是一款由四角形、三角形、梯形或菱形碎布拼縫起來的漂亮餐墊，這種作法稱為「瘋狂拼布」。建議你試著把布片縫在介於表片與裡布的第二層裡布上。

米材料　八種拼布用布各20cm的正方形、第二層裡布25×20cm、駝色亞麻20×15cm、裡布25×20cm

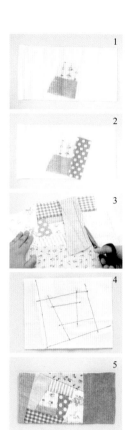

1. 將位於中間的兩片布片正面相對，疊放在第二層裡布上車縫。縫好後打開布片。
2. 再正面相對疊上圓點布後車縫，接著將布片翻至正面。
3. 與步驟①至②作法相同，拼縫其餘布片。剪掉多餘的縫份。
4. 拼接完所有布片後，修剪為25×20cm。右圖為內側的模樣。
5. 自由度百分百的瘋狂拼布，完成！

碎花口袋圍裙

櫪木縣／武田英里

你可以自行縫製一件圍裙，也可以挑選現成的圍裙，直接將由碎布拼成的口袋縫製於其上。只要在口袋的中間抓個橫褶，或是布標等細節處多花一些巧思，就可以讓圍裙看起來就像咖啡館的制服一樣俏麗可人！

米 原寸紙型A面

※單位cm　※除特別標示外，縫份均為0.7cm

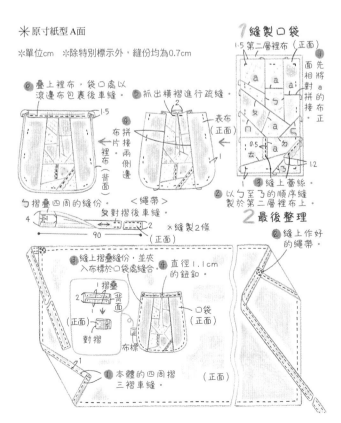

米材料　拼布用布數種、滾邊用布、布標用布、駝色棉麻（本體）100×90cm、素色（口袋裡布用）20cm的正方形、第二層裡布15×20cm、兩種蕾絲、鈕釦1顆

圓餅菜單袋

滋賀縣／植村由美子

胖呼呼的圓形，怎麼看都帶點幽默感。就算只是隨意擺放在廚房某個角落，都能讓人不自主的露出笑容。植村小姐並列三個的目的在陳放和食、洋食及中式料理三種菜單。仔細瞧，中間的袋子還插上迷迭香呢！

排成縱形一直線。利用夾子將袋子串在一起。夾子也可用來夾備忘紙條。

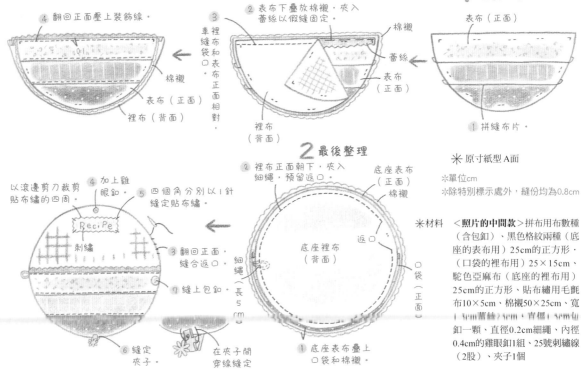

1 縫製口袋

表布（正面）

蕾絲

表布（正面）

裡布（背面）

① 拼縫布片。

② 表布下疊放棉襯，夾入蕾絲以假縫固定。

棉襯

蕾絲

表布（正面）

裡布（背面）

③ 裡布和表布正面相對，車縫袋口。

棉襯

表布（正面）

裡布（背面）

④ 翻回正面壓上裝飾線。

米 原寸紙型A面

※單位cm

※除特別標示處外，縫份均為0.8cm

2 最後整理

① 底座表布疊上口袋和棉襯。

底座表布（正面）
棉襯

底座裡布（背面）

返口

袋口（正面）

細繩（長5cm）

② 裡布正面朝下，夾入細繩，預留返口。

③ 翻回正面，縫合返口。

④ 加上雞眼釦。

⑤ 四個角分別以1針縫定貼布繡。

以滾邊剪刀裁剪貼布繡的四周。

Recipe
刺繡

⑥ 縫定夾子。

⑦ 縫上包釦。

在夾子間穿線縫定。

米材料 <照片的中間款>拼布用布數種（含包釦）、黑色格紋兩種（底座的表布用）25cm的正方形、（口袋的裡布用）25×15cm、駝色亞麻布（底座的裡布用）25cm的正方形、貼布繡用毛氈布10×5cm、棉襯50×25cm、寬1.5cm蕾絲25cm、直徑1.5cm包釦一顆、直徑0.2cm細繩、內徑0.4cm的雞眼釦1組、25號刺繡線（2股）、夾子1個

54

米材料　格紋布（拼布用）數種、深茶色素色布（拼布·提把·包
釦用）20×30cm、駝色素色布（拼布·底部表布·滾邊·
提把）50cm的正方形、格紋布（裡布用）70×30cm、
棉襯80×35cm、直徑1.5cm四孔鈕釦4顆、厚紙板

米原寸紙型 B面　　※單位cm
　　　　　　　　※除特別標示處外，縫份均為0.7cm

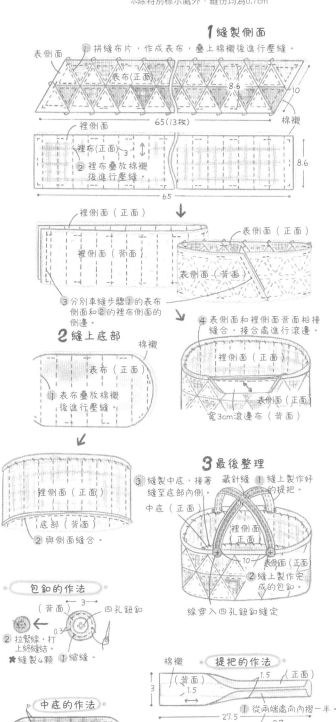

1 縫製側面

① 拼縫布片，作成表布，疊上棉襯後進行壓縫。

表側面

表布（正面）

8.6

10

65（13枚）

棉襯

裡側面

裡布（正面）

3

② 裡布疊放棉襯後進行壓縫。

8.6

65

裡側面（正面）

裡側面（背面）

③ 分別車縫步驟①的表布側面和②的裡布側面的側邊。

表側面（正面）

表側面（背面）

2 縫上底部

棉襯

表布（正面）

① 表布疊放棉襯後進行壓縫。

④ 表側面和裡側面背面相接縫合，接合處進行滾邊。

裡側面（正面）

表側面（正面）

寬3cm滾邊布（背面）

裡側面（正面）

底部（背面）

② 與側面縫合。

3 最後整理

③ 縫製中底，接著藏針縫至底部內側。

① 縫上製作好的提把。

中底（正面）

裡側面（正面）

10

表側面（正面）

② 縫上製作完成的包釦。

線穿入四孔鈕釦縫定

包釦的作法

3

（背面）

四孔鈕釦

② 拉緊線，打上終縫結。

0.3

★縫製4顆

① 縮縫。

中底的作法

中底（背面）

以平針縫包住厚紙板和棉襯。

厚紙板裁剪

中底布　1.5（背面）

棉襯

提把的作法

棉襯

（背面）

1.5

（正面）

3

1.5

① 從兩端處向內摺一半。

27.5

1.4　（背面）

0.7

正面

② 重疊縫固定。（正面）

★縫製2條

三角拼布提籃

千葉縣／作間京子

三角拼布與四角拼布並列人氣王。只是簡單將
茶色布規則排列，看起來就這麼有韻律感。引
人注目的交錯提把，也看得到三角形喲！

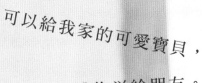

可以給我家的可愛寶貝，

也可以當禮物送給朋友。

承載著滿滿愛心的孩童用品

相信你的每一件作品將隨著孩子燦爛的笑容，變得越來越漂亮！

但是認真完一件事的成就感，卻能為新手媽媽帶來自信。

就算笨手笨腳的，連針趾也縫不工整，

若你也有這種感動，請立刻翻閱本單元，找出喜歡的圖案。

只要看到孩子純真的笑容，就覺得手癢癢的。

媽媽的手作品，總是
蘊藏著最溫柔的情意。

要不要陪我
一起睡呀！

睡得香甜熊熊枕頭

岐阜縣／小倉加奈美

若考慮到會直接觸和肌膚，那麼二重紗當然是首選，因為它兼具了棉紗的柔軟與鬆餅布的觸感。小企鵝的肚子內還塞入乾燥的薰衣草。孩子可來拿當睡午覺的枕頭，大人則可作為眼枕使用。

米材料　＜枕頭＞蜂巢織的二重紗30×25cm、圓點印花布10×15cm、填充用塑料顆粒（填入布偶等內部的手工藝材料）
＜香袋＞白色・藍色的不織布、25號繡線、乾燥香草

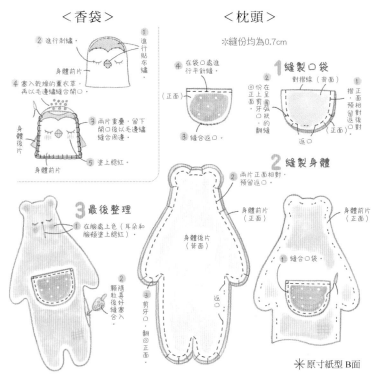

＜香袋＞

② 進行刺繡。
① 進行貼布繡
身體前片
④ 塞入乾燥的薰衣草，再以毛邊縫縫合開口。
③ 兩片重疊，留下開口處後以毛邊縫縫合周邊。
身體後片
身體前片
⑤ 塗上腮紅。

＜枕頭＞

※縫份均為0.7cm

④ 在袋口處進行平針縫。
（正面）
③ 縫合返口

1 縫製口袋
對摺線（背面）
① 正面相對後對摺，預留返口。
② 在呈圓弧狀的份上剪開弧口，正面翻出。
（正面）
返口

2 縫製身體
② 兩片正面相對預留返口。
身體前片（正面）
身體後片（背面）
① 縫合口袋
身體前片（正面）

3 最後整理
① 在臉處上色（耳朵和臉頰塗上腮紅）。
② 隨喜好塞入顆粒後縫合。
③ 剪牙口・翻回正面。
返口

米原寸紙型 B面

帶來輕柔觸感的絨毛布和棉紗

洋溢春天色彩的圍兜兜

大阪府／北山壽代

由於圍兜兜的使用範圍靠臉部，所以特地選用絨毛布，並繡上黃色的小雞圖案。既然是小寶貝要用的，當然是越漂亮越好，所以另外再拼縫小花圖案的碎布，可愛度滿分！

米材料　拼布用花朵圖案印花布三種、白色絨毛布25×20cm、駝色亞麻布（拼接布・貼布繡用）10×5cm、粉紅格紋布（包釦・滾邊用）50cm的正方形、奶油色印花布（裡布用）25×35cm、直徑1.5cm的包釦1顆、25號繡線、魔鬼氈

2 最後整理
1 拼縫表布

※裡布和拼接布縫合

⑤ 以立針縫縫上魔鬼氈。
表布（正面）
裡布（正面）
後車縫。
寬2.8cm的斜紋布
表布和裡布正面相對後進行疏縫。
裡布（正面）
裡布（正面）
拼接布（正面）
表布（背面）
斜紋布帶（背面）
④ 藏針縫縫合縫份後以立針縫縫合。
以製作包釦。
④ 製作貼布繡。
② 與步驟①縫合。
③ 縫上拼接布。
拼接布（正面）
表布（正面）
表布（背面）
裡布（正面）
包裹縫份。
① 表布和裡布背面相對後進行疏縫。

貼布繡作法
刺繡
摺疊
0.3
立針縫

米原寸紙型 B面

② 進行落針壓縫。
① 拼縫布片

※單位cm
※縫份均為1cm

57

嬰兒鞋

千葉縣／長谷川久美子

以碎布拼縫，卻因布料不足，造成左右腳的圖案不一致，結果反倒多了一分俏麗，透露出獨持的手作感。鞋帶部分直接使用布料的布邊，這麼一來就算碰到小腳腳也不會痛！

深紫在右腳，
淺紫在左腳…

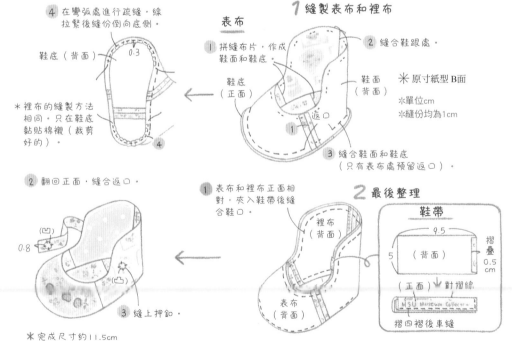

④ 在彎弧處進行疏縫，線拉緊後縫份倒向底側。

鞋底（背面）

0.3

④

※裡布的縫製方法相同。只在鞋底黏貼棉襯（裁剪好的）。

1 縫製表布和裡布

表布

① 拼縫布片，作成鞋面和鞋底。

② 縫合鞋跟處。

鞋底（正面）

鞋面（背面）

鞋底（背面）

③ 縫合鞋面和鞋底（只有表布處預留返口）。

※原寸紙型B面
※單位cm
※縫份均為1cm

② 翻回正面，縫合返口。

（凹）

0.8

（凹）

③ 縫上押釦。

※完成尺寸約11.5cm

① 表布和裡布正面相對，夾入鞋帶後縫合鞋口。

裡布（背面）

表布（背面）

2 最後整理

鞋帶

9.5

（背面）

5

摺疊 0.5cm

（正面）↓對摺線

MSU Museum Collection

摺四褶後車縫

翻到鞋底一看，原來也是由布片拼縫的。可愛到讓人不時想拿起來瞧一瞧！

※材料　二十一種碎布各約10cm的正方形、棉襯20×15cm、直徑1cm的塑膠押釦2組

逗弄小寶貝的小手手、小腳丫……

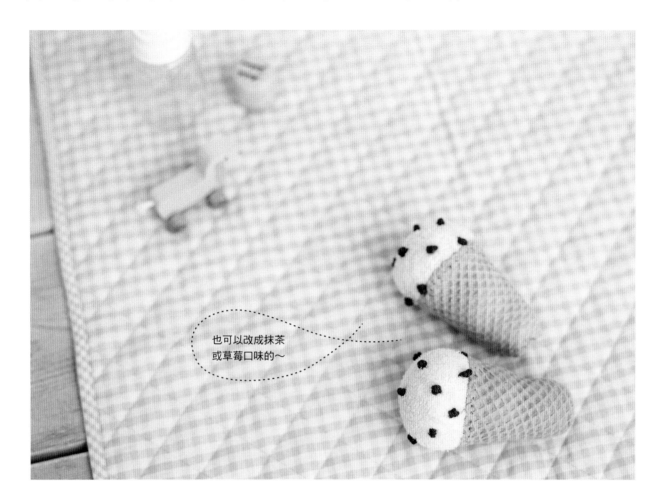

也可以改成抹茶
或草莓口味的～

讓人好想咬一口的冰淇淋

奈良縣／北谷敦子

冰淇淋部分是柔軟的絨毛布，甜筒是鬆餅布，灑在上層的巧克力，則是以茶色繡線繡上，看起來又甜又可口，真想舔一口！誰知道拿在手上，卻發出嘎啦嘎啦的可愛的聲響！

※材料　＜1個＞絨毛布20cm的正方形、鬆餅布（甜筒用）15cm的正方形、棉紗線、風箏線、搖鈴部分、棉花

※冰淇淋部分是將絨毛布裁剪成直徑19.5cm的圓後以刺繡（結粒繡）裝飾。甜筒部分則是將鬆餅布裁成半徑13cm的1/4圓。

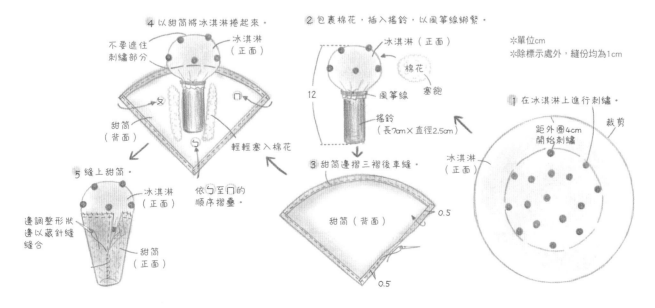

4 以甜筒將冰淇淋捲起來。

不要遮住
刺繡部分

冰淇淋
（正面）

甜筒
（背面）

又

口

輕輕塞入棉花

ㄅ

5 縫上甜筒。

冰淇淋
（正面）

邊調整形狀
邊以藏針縫
縫合

依ㄅ至口的
順序摺疊。

甜筒
（正面）

2 包裹棉花，插入搖鈴，以風箏線綁緊。

冰淇淋（正面）

棉花
塞飽

12

風箏線

搖鈴
（長7cm×直徑2.5cm）

3 甜筒邊摺三褶後車縫。

甜筒（背面）

0.5

0.5

※單位cm
※除標示處外，縫份均為1cm

1 在冰淇淋上進行刺繡。

距外圈4cm
開始刺繡

裁剪

冰淇淋
（正面）

以手掌般大小的碎布，縫製出一件件小巧的娃娃裝！

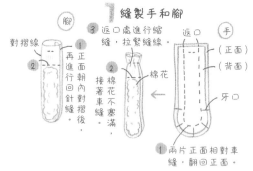

今天就穿連身洋裝出門吧！

微笑迷你人偶

和歌山縣／坂口安水

因為是15cm的超迷你女生布偶，身上的衣服當然也只要幾片碎片就能縫好了。同款的設計請試著變換花色多縫幾件喔！孩子們一定會樂不可支的玩著換娃娃裝的遊戲。

※材料　＜女生＞原色素色布（身體・手・腳用）25cm的正方形、褲子用布20×10cm、衣身用布15×10cm、裙用碎布數種、寬0.8cm水兵帶、極細毛線、直徑0.6cm的鈕釦、棉花、布用壓克力畫具（畫臉頰用）

※原寸紙型 B面

※單位cm
※除標示處外，縫份皆為0.5cm

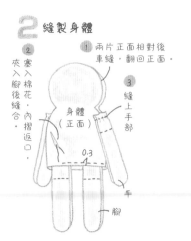

1 縫製手和腳

（腳）
對摺線
① 正面朝內對摺後，接著車縫。
③ 返口處進行縮縫，拉緊縫線。
② 再進行回針縫。

（手）
（正面）
（背面）
返口
② 棉花不塞滿。
棉花
牙口

① 兩片正面相對車縫，翻回正面。

2 縫製身體

① 兩片正面相對後車縫，翻回正面。
② 夾入腳後縫合。
塞入棉花，內摺返口。
③ 縫上手部
身體（正面）
0.3
腳

3 縫製洋裝

（連身裙）
② 疏縫後拉線，以符合衣身大小。
⑥ 剪牙口，翻回正面。
④ 摺縫至側邊，由袖下繼續對摺正面相對後對摺。
對摺線　衣身（背面）
0.3
⑤ 摺疊縫份後進行平針縫。
牙口
③ 衣身與裙子正面相對車縫。
① 接縫四片。（製作2片）
⑦ 車縫裙襬。
0.3

（褲子）
② 車縫下襬。
① 正面相對後對摺車縫。
（背面）
對摺線
④ 車縫下襬
0.5
0.3
③ 剪牙口後翻回正面。
⑤ 套入褲子後車縫固定。

4 最後整理

⑦ 畫上眼睛和腳尖部分。
⑥ 黏貼上Yo-Yo拼布
⑧ 捆起極細毛線後，以接著劑黏貼。
4.5
1.5
縫合固定打結
① 內摺領圍，穿上洋裝。
③ 縫上鈕釦
0.5
② 配合手臂大小拉緊縫線成為縮口袖。
16cm
④ 貼上水兵帶
・全身長約15cm

忙裡偷閒，
聊個天休息一下吧！

時尚黑兔兔

熊本縣／倉橋佐知子

為了營造鬆鬆垮垮的感覺，兔子的身體部分特別使用亞麻材質。縫製前先下水，洗掉漿，軟化布料。單獨坐在椅子上的樣子，看起來很放鬆喔！

米材料　黑色亞麻布35cm的正方形、棉麻的花紋布（身體）．格紋布（耳．手部尖端內側．腳底用）各20×15cm、寬5cm麻質蕾絲30cm、兩種麻線、25號繡線（4股）棉花、3/0號鉤針

米 原寸紙型B面

※單位cm　※除標示處外，縫份均為0.7cm

1 縫製耳朵

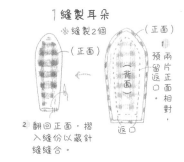

※縫製2個

（正面）
（正面）
（背面）
（返口）

兩片正面相對，預留返口。

2 翻回正面，摺入縫份以藏針縫縫合。

2 縫製頭部

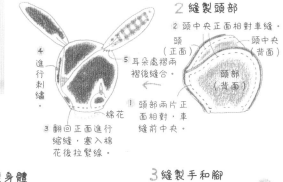

4 進行刺繡。

5 耳朵處摺兩褶後縫合。

2 頭中央正面相對車縫。
頭中央（正面）
頭中央（背面）
頭部（背面）

1 頭部兩片正面相對，車縫前中央。

棉花

3 翻回正面進行縮縫，塞入棉花後拉緊線。

3 縫製手和腳

棉花

手 ※縫製2個

（正面）
（背面）

2 兩片正面相對疊合，預留返口。

3 翻回正面摺疊縫份後縫合。塞入棉花。

（正面）

1 拼縫。

腳 ※縫製2個

（背面）

2 兩片正面相對疊合，車縫兩側後

翻回正面

4 縫製身體

1 兩片正面相對，夾入腳部，預留返口。

2 翻回正面進行縮縫，塞入棉花後拉緊線。
棉花

（返口）
（正面）
（背面）
（正面）
腳（正面）

腳丫（背面）

縮縫四周，理好形狀。

5 最後整理

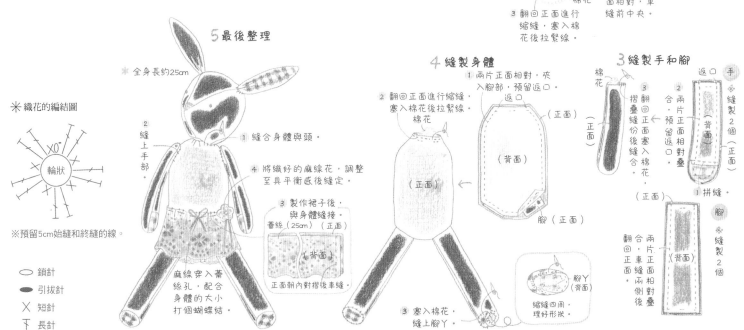

※全身長約25cm

2 縫上手部。

1 縫合身體與頭。

4 將織好的麻線花，調整至具平衡感後縫定。

3 製作裙子後，與身體縫接。
蕾絲（25cm）（正面）
（背面）
正面朝內對摺後車縫

麻線穿入蕾絲孔，配合身體的大小打個蝴蝶結。

3 塞入棉花，縫上腳丫。

米 織花的編結圖

輪狀

※預留5cm始縫和終縫的線。

◯ 鎖針
● 引拔針
✕ 短針
⊤ 長針

61

渾圓小胖肚藍企鵝

神奈川縣／村田雅美

搖搖晃晃的母企鵝，頭上綁著花花頭巾，悄悄透
露出愛漂亮的性格。身體是羊毛布、肚子是絨毛
布，舒適地觸感，讓人想將牠抱在懷裡。

請問，餅乾可以
給我吃嗎？

米材料　靛藍色羊毛布（頭・身體・翅膀）30cm的正方形、淺茶色
絨毛布（肚子和翅膀裡布用）25cm的正方形、頭巾用布
15cm的正方形、不織布、寬0.8cm蕾絲50cm 、直徑0.4cm
眼珠用鈕釦2顆、填充用塑料顆粒、棉花

米原寸紙型 B面

※單位cm
※除標示處外，縫份均為0.5cm

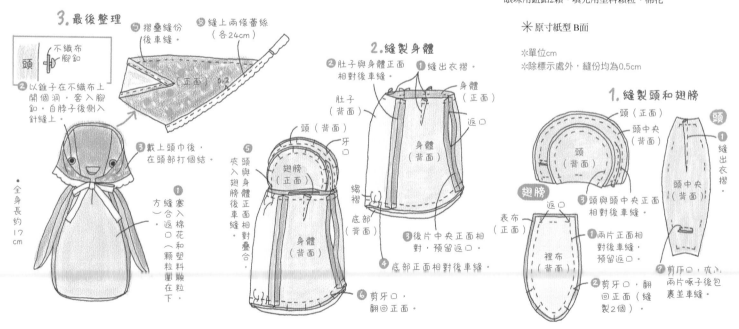

3. 最後整理

頭　不織布　腳釦

②以錐子在不織布上開個洞，套入腳釦。自胖子後側入針縫上。

⑤摺疊縫份後車縫。

⑤縫上兩條蕾絲（各24cm）

③戴上頭巾後，在頸部打個結。

①（方）縫合返口。塞入棉花和塑料顆粒（一顆粒置在下）。

• 全身長約17cm

2. 縫製身體

②肚子與身體正面相對後車縫。

①縫出衣摺。

身體（正面）

肚子（背面）

返口

頭（背面）

牙口

身體（背面）

⑤夾入頭與身體正面相對後車縫。

翅膀（正面）

褶褶

底部（背面）

身體（背面）

③後片中央正面相對，預留返口。

④底部正面相對後車縫。

⑥剪牙口，翻回正面。

1. 縫製頭和翅膀

頭（正面）

頭中央（背面）

頭（背面）

①縫出衣摺。

頭中央（背面）

③頭與頭中央正面相對後車縫。

翅膀

表布（正面）

①兩片正面相對後車縫，預留返口。

返口

裡布（背面）

②剪牙口，翻回正面（縫製2個）。

⑦剪牙口，夾入兩片喙子後包裹並車縫。

超夯的絨毛布，軟綿綿的質感，令人溫暖又安心！

臉頰處塗個小腮紅，
就更可愛了喔！

淘氣小猴

靜岡縣／嶋岡直子

這款作品是全家人一起參與設計的。首先由女兒畫圖，老公接著根據繪圖製作紙型，最後由媽媽動手縫。眼睛與耳朵的位置，還是由大家開會決定的，怪不得表情那麼可愛。連背面也不馬虎喔！

米材料 茶色絨毛布（頭A・外耳・身體・手・腳用）30cm的正方形、原色絨毛布（頭B・內耳・手腳・腳尖用）20cm的正方形、黃色素色布（褲子・圍巾用）45×20cm、吊帶用布10×15cm、口袋用布、直徑1cm腳鈕2顆、直徑0.8cm鈕釦4粒、5號繡線、棉花

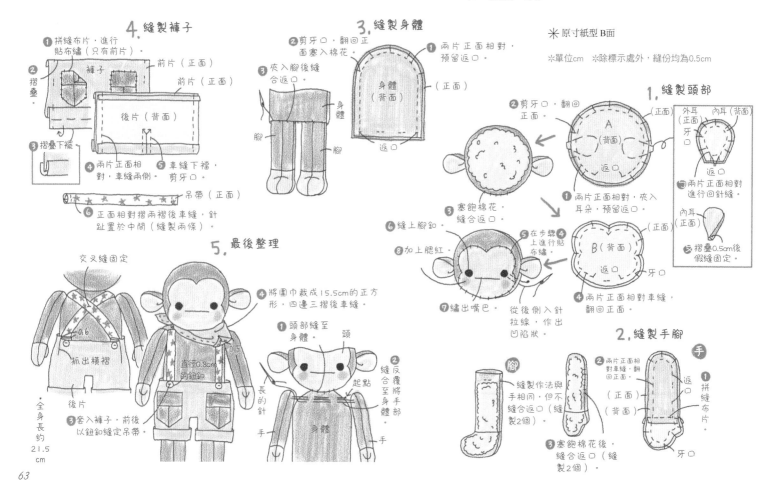

米 原寸紙型 B面

※單位cm ※除標示處外，縫份均為0.5cm

4. 縫製褲子
❶拼縫布片，進行貼布繡（只有前片）。
❷摺疊。
❸摺疊下襬
❹兩片正面相對，車縫兩側。剪牙口。
❺車縫下襬，剪牙口。
❻正面相對摺兩褶後車縫，針趾置於中間（縫製兩條）。

3. 縫製身體
❶兩片正面相對，預留返口。
❷剪牙口，翻回正面塞入棉花。
❸夾入腳後縫合返口。

1. 縫製頭部
❶兩片正面相對，夾入耳朵，預留返口。
❷剪牙口，翻回正面。
❸塞飽棉花，縫合返口。
❹兩片正面相對車縫，翻回正面。
❺在步驟❹上進行貼布繡。
❻縫上腳鈕。
❼繡出嘴巴。從後側入針拉線，作出凹陷狀。
❽加上腮紅。

❶兩片正面相對，進行回針縫。
內耳（正面）
❷摺疊0.5cm後假縫固定。

5. 最後整理
交叉縫固定
❶頭部縫至身體。
❷反覆將手部縫合至身體。
❸套入褲子，前後以鈕釦縫定吊帶。
❹將圍巾裁成15.5cm的正方形，四邊三摺後車縫。
抓出橫褶
直徑0.8cm的鈕釦
全身長約21.5cm

2. 縫製手腳
腳：縫製作法與手相同，但不縫合返口（縫製2個）。
❶拼縫布片。
❷兩片正面相對，翻回正面。
❸塞飽棉花後，縫合返口（縫製2個）。

63

讓 趣 味 小 道 具 ， 增 添 更 多 的 生 活 情 趣 ！

書闔上時，可看見用心
加上的書名。或許能當
作為女兒的陪嫁品。

※ 原寸紙型 B面

※單位cm　※縫份均為1cm

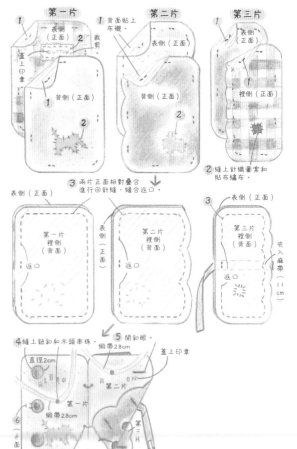

第一片
第二片
第三片

我可以自己
扣上鈕釦嗎？

我的第一本學習繪本

神奈川縣／鶴窪真壽美

這一款作品是為三歲的愛女縫製的繪本。我先教她認識鈕
釦與蝴蝶結，接著是以貼布繡加上大象和花朵等，只要花
點巧思就能增加小寶貝的學習興趣喔！選用大顆的鈕釦，
更方便幼兒動手操作。

※材料　格紋布、駝色素色布、靜藍色素色布各18×20cm，布襯
35cm的正方形、貼布繡用布、寬2cm魔鬼氈1cm、寬1cm麻
帶、寬0.8cm緞帶60cm、麻繩15cm、直徑2cm的鈕釦3顆、直
徑1.2cm的鈕釦6顆、直徑0.6cm的木珠2顆、針織圖案五種

要從哪一個開始吃起？
炸蝦嗎？

高麗菜和盛裝容器是簡單以不織布裁成的。馬鈴薯沙拉則是棉襯作成的圓球。

剝開海苔，鮮紅的酸梅旋即映入眼簾。這是以魔鬼氈創造出的效果。

美味便當

京都府／森惠美子

小時候玩扮家家酒時，不能缺少的煮飯和吃飯遊戲，真的好有趣，也好令人懷念。既然如此，就作給自己的孩子玩吧！炸蝦和章魚香腸是用不織布縫的，飯糰則是絨毛布作的，每種都有種熱呼呼的感覺，連摸起來都很暖和！

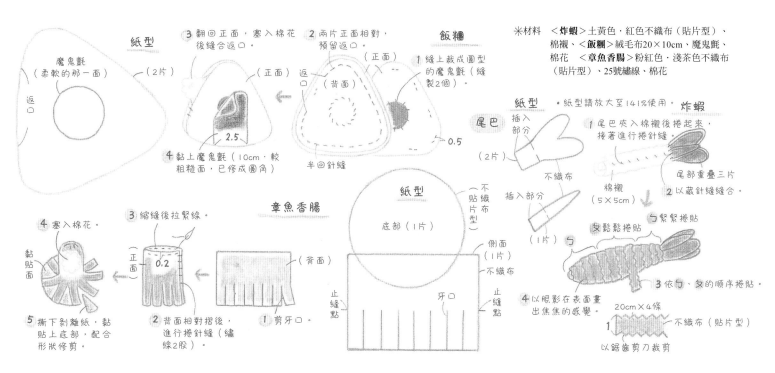

※材料 ＜炸蝦＞土黃色・紅色不織布（貼片型）、棉襯、＜飯糰＞絨毛布20×10cm、魔鬼氈、棉花 ＜章魚香腸＞粉紅色・淺茶色不織布（貼片型）、25號繡線、棉花

紙型
魔鬼氈（柔軟的那一面）（2片）
返口

3 翻回正面，塞入棉花後縫合返口。

2 兩片正面相對，預留返口。
（正面）
（正面）
返口
（背面）

4 黏上魔鬼氈（10cm・較粗糙面，已修成圓角）
2.5

飯糰
1 縫上裁成圓型的魔鬼氈（縫製2個）
（正面）
（背面）
0.5
半回針縫

尾巴
紙型
插入部分
（2片）
不織布
插入部分

・紙型請放大至141%使用

炸蝦
1 尾巴夾入棉襯後捲起來，接著進行捲針縫。
尾部重疊三片
棉襯（5×5cm）
2 以藏針縫縫合

章魚香腸
3 縮縫後拉緊線。
（正面）
0.2
（背面）

4 塞入棉花。
黏貼面

5 撕下剝離紙，黏貼上底部，配合形狀修剪。

2 背面相對摺後，進行捲針縫（繡線2股）。

1 剪牙口。

紙型
底部（1片）
側面（1片）
不織布
止縫點
止縫點
牙口

（不織布貼片型）
（1片）

ㄅ緊緊捲貼
ㄆ鬆鬆捲貼

3 依ㄅ、ㄆ的順序捲貼。

4 以眼影在表面畫出焦焦的感覺。

20cm×4條
1
不織布（貼片型）
以鋸齒剪刀裁剪

沒有巧手，也作得出的可愛午餐袋！

今天料理也很好吃！

小兔便當袋

鹿兒島縣／迫口美紀

此款作品是隻耳朵特別長的兔子。放入便當盒後，剛好將長耳朵打個結綁住。這對小朋友來說應該不會太難吧？袋口穿上鬆緊帶，可預防裡面的東西掉出來。媽媽的點子果然還是最棒的！

※材料　粉紅素色布、碎花印花布（裡布用）各45cm的正方形、直徑1.3cm鈕釦2顆、寬0.6cm鬆緊帶25cm、25號繡線（3股）

※原寸紙型 B面

※單位cm
※縫份均為1cm

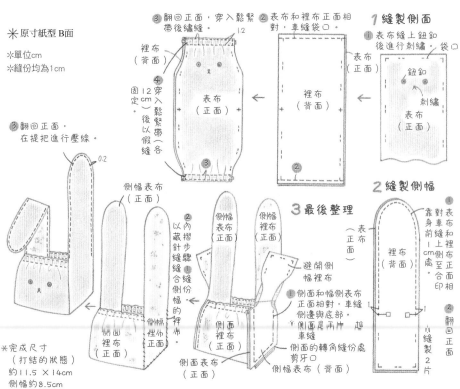

※完成尺寸
（打結的狀態）
約11.5×14cm
側幅約8.5cm

~給想要體驗更多手作樂趣的你~

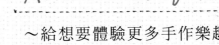

可加以層層疊放。選用厚布縫製會較堅挺。

不管有幾個都不嫌多的寶貝小物

不妨多作幾個這實用又好玩的收納小物，擺放在容易雜亂的起居室、臥室、廚房或小孩房間。

不擅整理的人，可利用這類讓人心情愉快的雜貨收納物品。因為愉快，收納的意願自然也就隨之提高，結果使得居家環境變得乾淨整齊！真是太棒了！

數字與字母一直是手作重要的裝飾圖案。當覺得作品略嫌乏味，或希望加上屬於自我的私密印記時，可在作品的某一角繡出文字，不但成為搶眼的裝飾，還流露出作者的個人特色。

可從雜誌等尋找喜愛的造型，複印下來當成紙型備用。接下來展示的作品，正是活用數字與字母的例子，更直接就取名為「數字提籃」。

京都府／茶本滿喜子

✚ 數字提籃

1、2、3排排站，只不過籃子大小稍有不同。

為了方便不用時的收放，特地作成疊放式。

不拘場合使用，造型又可愛，真的很棒！

十字繡

※數字的原寸刺繡圖案
刺繡＝25號繡線2股

※單位cm　※縫份均為1cm

1 縫製表袋與裡袋

① 正面相對褶後車縫。
（正面）
（正面）
燙開縫份
側面（背面）
11
28.5

② 側面與底部正面相對車縫，翻回正面。
側面（背面）
底部（背面）
9

③ 縫份向內摺。
④ 進行刺繡。
裡袋（正面）
表袋（正面）
⑤ 裁成與表袋同大，縫製方法相同。

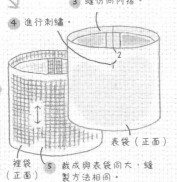

2 整理

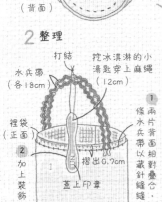

打結
挖冰淇淋的小湯匙穿上麻繩（12cm）
水兵帶（各18cm）
裡袋（正面）
① 兩片背面相對疊合，一條水兵帶以藏針縫縫合。夾入兩條水兵帶。
② 加上裝飾
摺出0.7cm
蓋上印章
表袋（正面）

米材料
<大尺寸款1個>厚的白色棉布（表袋用）、紅色格紋布（裡袋用）各35×25cm、寬0.8cm水兵帶40cm、麻繩、25號繡線、冰淇淋小湯匙

奈良縣／北谷敦子

透過花紋與布料體驗季節感

✝ 春天→夏天
飛翔於藍天的
小鳥布書衣

彷彿是一幅畫耶！
沒帶著外出的日子裡，
就如照片所示陳列在架上作為裝飾。
背景的藍布是天空的顏色，
你瞧！又用針線述說了一篇故事。

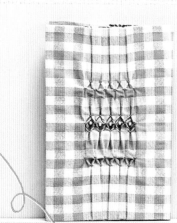 

法國結粒繡　　　雛菊繡

毛邊繡

貼布繡

直線繡

裁剪　　　回針繡

※ 小鳥的原寸貼布繡圖案

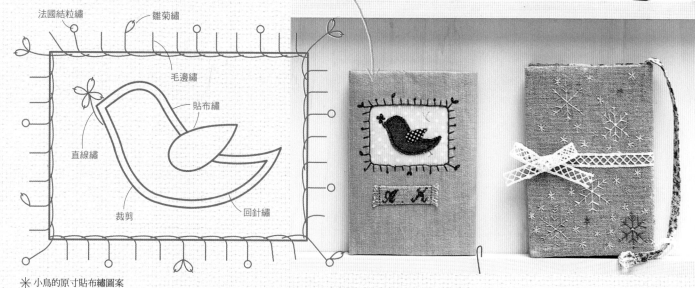

※單位cm　※除標示處外，縫份均為1cm　　※ 原寸紙型 B面

2 最後整理

表布（正面）　　　寬1.2cm的人字織帶

裡布（背面）

返口

① 表布和裡布正面相對，夾入人字織帶，預留返口

② 翻回正面，縫合返口

裡布（正面）

表布（正面）

③ 反摺摺線，以藏針縫縫合上下端。

書籤的作法

① 以蕾絲線鉤成人字織帶環，鉤30針鎖針，並假縫於人字織帶上。

4

16　6.5

0.3

對摺線

② 對摺人字織帶（15cm）後車縫

1 縫製表布

③ 在步驟②四周進行刺繡。① 黏貼布襯。

表袋（正面）

② 製作小口袋。

抽線作出流蘇狀　④ 隨喜好刺繡和貼布繡。　⑤ 挖空貼布繡（如下圖）

⑥ 袋口三摺後進行刺繡。

（正面）

（正面）

⑦ 縫份三摺後車縫。

0.3

0.5

表布（正面）

挖空貼布繡的作法

表布（正面）

③ 加上縫份，在表布上挖洞。

④ 從背面蓋上步驟② 後

⑤ 縫份剪牙口，向內摺後以藏針縫縫合。

① 黏貼布襯。

（正面）

雙膠布襯 0.3

裁剪

② 進行貼布繡與刺繡。

2

進行疏縫

※材料　水藍色粗棉布．駝色條紋布各20×40cm、口袋．貼布繡用布、布襯40×30cm、雙膠布襯、寬1.6cm的人字織帶．寬1.2cm的人字織帶各20cm、25號繡線、蕾絲線、0號蕾絲鉤針

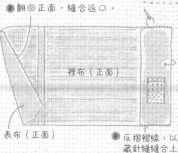

以人字織帶製的手作書籤，在閱讀時可放進摺口處的小口袋內。

配合季節更換衣服和窗簾
被視為理所當然，但雜貨卻不
換季，這是為什麼呢？

是因為有許多四季通用的
漂亮雜貨嗎？貪心的想要進一
步感受四季變化的你，何不試
著連同生活雜貨也一併做更
替？

以下介紹兩款布書衣。春
夏時節可選用前面的小鳥圖
案，進入秋冬則改用雪人圖
案。雖然功能相同，但兩件作
品給人完全不同的印象，非常
有趣喔！請想像一下把它放進
包包，走在路上的興奮心情
吧！

不要覺得困難，需要準備
的材料只有碎布而已。只要一
有想作的念頭，馬上就能完
成！

🔹 胖嘟嘟羊毛布的 雪人布書衣

秋天→冬天

雪人腳下堆積的瑞雪是怎麼作的呢？
在布的背側疊放白色羊毛，
以戳針戳布，羊毛就會出現氈化，
表面就會出現白雪喔！

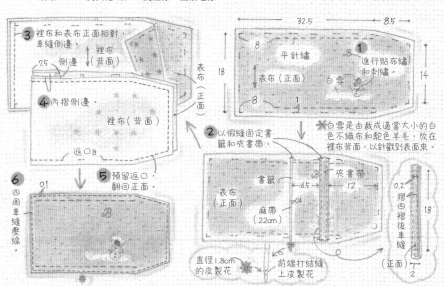

石川縣／玉城京子

米材料　斜紋軟呢絨布（表布・夾書帶）45×30cm、星星圖
案（裡布）45×25cm、貼布繡用不織布、羊毛、
麻帶25cm、皮製花1朵、8號繡線、極細毛線

※單位cm　※除標示處外，縫份均為1cm

③裡布和表布正面相對，
車縫側邊。

裡布（背面）
側邊
7.5　側邊
表布（正面）

④內摺側邊。

裡布（背面）

返口8

⑥四周車縫壓線。

① 進行貼布繡和刺繡

平針繡
表布（正面）
白雪
32.5　　8.5
8　18　14
8　1

※白雪是由裁成適當大小的白
色不織布和駝色羊毛，放在
裡布背面，以針戳到表面來。

②以假縫固定書籤和夾書帶。

書籤
表布（正面）
麻帶（22cm）
夾書帶　6.5　12
摺四摺後車縫（正面）
0.2　18　2

直徑1.8cm
的皮製花

前端打結縫
上皮製花

⑤預留返口，
翻回正面。

米貼布繡和刺繡的原寸圖案

※全部直接裁剪

緞面繡（極細毛線）

結粒繡
緞面繡
以8號繡線編織12針鎖針
直線繡
輪廓繡
十字繡
毛邊繡

刺繡＝除標示處外，
均為8號繡線

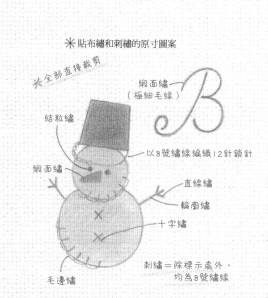

神奈川縣／高柳雪

※材料　拼布用布三種、麻繩、
　　　　25號繡線（2股）

※原寸紙型 B面

※縫份均為0.5cm

② 摺疊縫份後進行Z字型車縫。

③ 進行平針繡

① 拼縫布片

（正面）

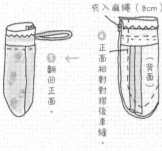

夾入麻繩（8cm）

④ 正面相對對摺後車縫。

（背面）

⑤ 翻回正面

✚ 剪刀套

其實是一個好小好小的袋子，
只用一片碎布就可以縫喔！
既然是自己熱愛的東西，
當然不能任意妥協，
建議你試著以三片碎布拼縫，
就能作出尾端尖而有型的布套。

裁縫從工具入手……手作人應該都有這樣的想法吧！

喜歡裁縫的人，想必也會愛上裁縫用具吧！一踏進手工藝品店，望著各式各樣並陳的縫線，全部都好想要……發現與家中布置相稱的針插，也會不自主地拿在手上把玩一番……就是這樣情不自禁地迷戀著這些手作小物。

因為這個理由，所以一定要介紹的就是──各種裁縫用品的作法。每一款都是手作人憧憬的自然風格。

總是泰然地靜靜守在一旁，這份內斂感讓人倍覺優雅。如果送給朋友當禮物，說不定可以加強信心，維繫手作情誼。

作完針插和剪刀套後，接下來也許想要挑戰裁縫盒，不要覺得很難，一定要親手試看看！

70

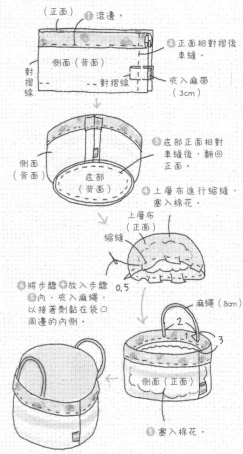

米材料 橫條羅紋針織布（側面・底部用）30×10cm、灰色鬆餅布（上層用）10cm的正方形、花朵繡紋布（滾邊用）20×5cm、寬1cm麻帶、麻繩、棉花

米原寸紙型B面

※單位cm ※除標示處外，縫份均為0.7cm

（正面）①滾邊

對摺線 ── 對摺線
側面（背面）

②正面相對摺後車縫。

③正面相對摺後車縫。

夾入麻帶（3cm）

側面（背面）

底部（背面）

③底部正面相對車縫後，翻回正面。

底部（背面）

④上層布進行縮縫，塞入棉花。

上層布（正面）

縮縫

④將步驟③放入步驟④內，夾入麻繩，以接著劑黏在袋口周邊的內側。

0.5

麻繩（8cm）

側面（正面）

⑤塞入棉花。

＋附提把的針插

色調內斂的布，感覺很棒！
但輕柔內斂的布紋，
一不小心極可能喪失存在感……
所以特別加上經典款花紋和素材。
例如顯眼的條紋，或上層具質感的鬆餅布。

＋圓滾滾的編籃針插

取麻繩以短針鉤打成底座，
上層是拼布。
將緞帶般的小碎布拼成圓形，
關鍵步驟則在於──內部塞入棉花，
正確說應該是把棉花「塞得飽飽的」，
一點也不鬆喔！

愛知縣／坂本香織

3.最後整理

①在側面口的四周糊上接著劑。

上面

側面

②

對摺麻帶（5cm）

※單位cm

2.縫製側面

①以輪織方法起針，織6針短針。

②一邊加針一邊織到第8段。

③9至12段不加減針，直到織完。

約7.5

約2.5

側面（正面）

❋11至12段編入寬1cm的碎布

◯鎖針	✕短針
● 引拔針	
∨加入2針短針	

米材料 拼布・貼布繡用布、碎布、寬1.2cm麻帶5cm、25號繡線、麻繩、8/0號鉤針、棉花

1.縫製上層

②進行刺繡。平針繡（3股）

①拼縫拼布。

0.4

6.5 直線繡（3股）

2.5

4.6

2

直線繡（3股）

7.5

16

④四周進行縮縫。

上層（正面）

⑤塞入棉花，拉緊縫線。

3.製作貼布繡

0.5

5

（正面） Fella la mamos rossi

1.2

①蓋上印章

②摺疊四邊的縫份。

0.5 0.5

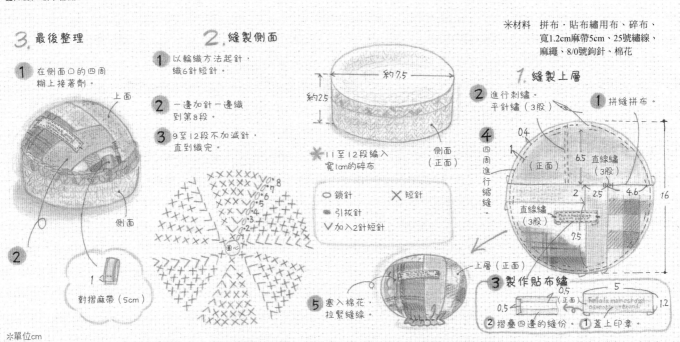

71

手 縫 基 本 功

❋ 確實做好始縫動作

千萬別將縫線在始縫時直接穿過布，而是讓針在同一處穿縫兩次，堅固的縫合。

1 以針尖在布上挑一針後拉線。

2 針回到最初入針處，重複一次先前的動作。之後就可以正常往下縫。

❋ 終縫結一樣不可馬虎

終縫和始縫時相同，線穿過兩次。要養成習慣喔！

1 止縫處，入針再回縫一次。重複縫才能縫得牢。

2 線繞針，向下按壓後拔出針，打個終縫結。

❋ 線長以手肘下15cm為佳

正如日本諺語「笨拙的長線」這句話所言，線太長反而不好縫，線長應以能俐落動作作為準。

斜剪線端，穿入針孔，接著決定線長。如圖，最佳長度大約在手肘以下15cm。一般使用1股線就夠了，若要求堅固可用2股線。

❋ 打個漂亮的始縫結

在縫製以前，要先在線端打個始縫結，以防縫線鬆開。請注意，結打太大也不好看。

1 首先轉線端，在食指纏繞一圈。

2 將纏繞的線慢慢推向指腹，作成圈狀後將圈縮小打結。

手縫的重點技巧

不同於緊實、整齊的車縫，手縫時只要有一個地方綻開，就很容易影響到整體的效果。而想要縫得牢固，「開頭」十分重要喔！

隨身必備工具

裁縫箱內的必要工具，其實並不多，大多是上家政課就用到且耳熟能詳的。請重新將手邊的工具查點一遍吧！

❋ 縫針

縫針有數字編號，數字越小針越粗。厚布適用粗針。希望針趾小或用較薄的布料時，宜選擇細針。一般棉布適用7、8號的縫針

❋ 珠針

由於針頂的部分有各種顏色和形狀，使得收集珠針也成為一項樂趣。扁平造型的可直接以熨斗熨燙，十分方便。

❋ 縫線

纏在紙板上的是手縫線。在一般棉布中，較好縫製的是聚酯纖維製的50號。纏在線軸上的是車縫線。

❋ 剪線剪刀

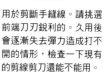

用於剪斷手縫線。請挑選前端刀刃銳利的。久用後會逐漸失去彈力造成打不開的情形，檢查一下現有的剪線剪刀還能不能用。

❋ 裁布剪刀

有一把布用（洋裁用）剪刀，即使面對比想像更為費力的裁剪作業，也能輕鬆製作。請勿拿來剪其他物品，以免刀面鈍掉。

❋ 粉土筆

用於在布上複寫縫線或縫份。線條遇水即消掉。另有製成褪寫紙式和粉土式的類型。最好兩種都準備。

原寸紙型的用法

本書附有作品的原寸紙型。
找到中意的作品後，可剪下使用，非常好用喔！

 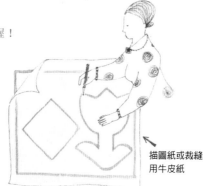 

描圖紙或裁縫用牛皮紙

❋ 紙型加上縫份後再裁布

將作好的紙型以珠針固定住在布上，紙型上若有箭號，代表布紋線。箭號與布的縱向平行對齊後放上紙型，以粉土筆就紙型的輪廓線（縫線）和縫份做記號。縫份約為0.7cm。

❋ 影印或用薄紙描圖

若直接剪下紙型，日後就無法再應用於其他作品，建議用描圖紙或裁縫用牛皮紙（可在文具用品店購買）將圖描下後再利用。若嫌麻煩，也可影印所需部分。

72

四種基礎的手縫針法

此處所介紹的是十分常用的針法。
一旦學會後，便足以應對大部分的作品，成為手縫高手。

❀ 縫到一半，但線沒了

將快用完的線先打上一次終縫結（紅線），新線（黃綠色）穿入針孔後，自前面一些的位置開始縫。不但能縫得牢，布也不會因終縫結重疊而鼓起。

❀ 線太短無法打終縫結

在接近終縫點時發現線太短無法打結，此時請將線（紅線）拉出針外，然後在布紋的位置將新線（黃綠色）與原來的線打結（平結）連起來，新線則穿針繼續往下縫。

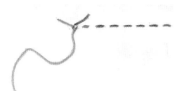

❀ 針趾不美時

有時縫一縫，才發現布料擠壓在一起，若放著不管，布可能會歪斜或縮縐。解決之道是用指腹在針趾上搓揉，將布逐漸撫平。請勤加練習至養成習慣。

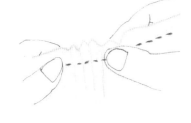

遇上這些麻煩，怎麼辦？

試著舉出在拼縫碎布時常會碰到的困擾，並提供解決對策。

❀ 全回針縫

縫針在同一處都縫兩次的方法，效果會很牢固。另一種在一半的距離回頭縫的針法，稱為半回針縫。

1 從一針趾的距離開始出針後，縫針往回穿入，在寬度約兩針趾處出針。

2 重複步驟①慢慢前進，就能縫出如車縫（如右圖）般的效果。

❀ 平針縫

熟悉的平針縫是裁縫的基本，也是拼布的針法。若針趾變小，就變成所謂的「上下平針縫」，適用於在布上抓出緜褶時使用。

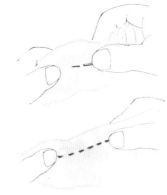

1 縫針在布上下穿梭前進。此時，握布的左手若隨著上下動，縫起來將更加順暢。

2 縫畢後檢查一下針趾排得直不直和有否鬆脫。若沒問題，進行一針回針縫後打上終縫結。

❀ 捲針縫

用於縫接填充玩偶的各個部位，或修補線綻開的針趾。因為線是順著布的縱向捲縫，所以可以縫得很牢固。

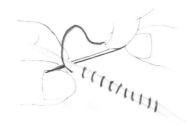

像是要將兩片面對面的布捲進去般，針斜斜地前進。線拉太緊，布會撐在一起，請多留意。

❀ 藏針縫

用在於布料四周加上滾邊時。從表側只能見到如點狀的線，十分整齊。裙子的下襬也可用藏針縫。愛手作的你務必熟練這種縫法喔！

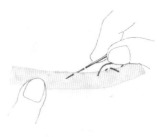

1 自上方的表布（對側的布）挑一針，再由縫份端（靠身前側）出針。重複此步驟。

2 從正面看完成的模樣。幾乎看不到針趾。

❀ 滾邊處理

例如為隔熱手套的邊緣，或包包的袋口處加上滾邊。以45度斜裁的伸縮布料（斜裁布）包裹布端收尾的方法。滾邊布可與本體同一塊布，或是選用其他布料，兼具重點裝飾效果。

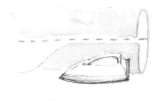

1 將帶狀滾邊布的兩端摺向中心，以熨斗熨燙。布寬一般摺後尺寸約為寬2至2.5cm。也可使用市售的滾邊布帶。

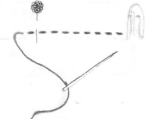

2 以滾邊布帶包住布端車縫固定。可如圖車縫或以藏針縫縫合。

❀ 繡縫

以貼布繡縫上圖案，或是在碎布四個角，以紅或黑等顏色鮮明的繡線加上飾縫，都會令作品格外搶眼。如鎖鏈繡和輪廓繡，都具有裝飾效果。

＜毛邊繡＞
常見於毛布邊緣的繡法。在貼布繡的布緣加上毛邊繡，可提升輪廓的立體感。

＜千鳥繡＞
交疊的×印，散發可愛又天真的氣息。如果線在中間交叉就是十字繡。

＜平針繡＞
裝飾性的平針縫，讓每針的針趾成為表面裝飾。

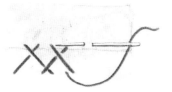

這些好用的作法不僅適用於本書的作品，還能應用於各式各樣的手作物品上喔！

可提升收尾效果的技巧

73

國家圖書館出版品預行編目(CIP)資料

10cm零碼布就能作的1小時布雜貨（暢銷版）
-- 二版. -- 新北市：雅書堂文化, 2017.03
　面；　公分. -- (Cotton time特集 ;01)

　　ISBN 978-986-302-361-6(平裝)

1. 手工藝
426.7　　　　　　　　　　　　　　106003789

【Cotton time特集】01

10cm零碼布就能作的1小時布雜貨（暢銷版）

作　　　者／主婦與生活社

發 行 人／詹慶和

譯　　　者／瞿中蓮

總 編 輯／蔡麗玲

執行編輯／黃璟安

編　　　輯／蔡毓玲・劉蕙寧・陳姿伶・李佳穎・李宛真

封面設計／韓欣恬

內頁排版／造極

出 版 者／雅書堂

發 行 者／雅書堂文化事業有限公司

郵撥帳號／18225950　戶名：雅書堂文化事業有限公司

地　　　址／新北市板橋區板新路206號3樓

電　　　話／（02）8952-4078

傳　　　真／（02）8952-4084

網　　　址／www.elegantbooks.com.tw

電子郵件／elegant.books@msa.hinet.net

HAGIRE 10cm KARA HAJIMERU 1JIKAN ZAKKA

© SHUFU TO SEIKATSUSHA CO., LTD. 2009

Original published in Japan in 2009 by SHUFU TO SEIKATSUSHA CO., LTD.

Chinese translation rights arranged through TOHAN CORPORATION, TOKYO.,and Keio Cultural Enterprise Co., Ltd.

總 經 銷／朝日文化事業有限公司

進退貨地址／新北市中和區橋安街15巷1號7樓

電　　　話／Tel：02-2249-7714

傳　　　真／Fax：02-2249-8715

2017年03月二版 定價／380元

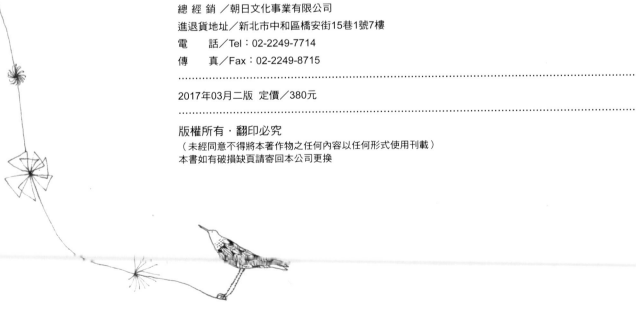